中国妇女出版社

图书在版编目（CIP）数据

给孩子的化学元素课 / 邓耿著. -- 北京 ：中国妇女出版社，2023.12
（中国科学家爸爸思维训练丛书）
ISBN 978-7-5127-2322-1

Ⅰ.①给… Ⅱ.①邓… Ⅲ.①化学元素－少儿读物 Ⅳ.①O611-49

中国国家版本馆CIP数据核字（2023）第188434号

策划编辑：朱丽丽
责任编辑：朱丽丽
封面设计：尚世视觉
责任印制：李志国

出版发行：中国妇女出版社
地　　址：北京市东城区史家胡同甲24号　　邮政编码：100010
电　　话：（010）65133160（发行部）　　65133161（邮购）
网　　址：www.womenbooks.cn
邮　　箱：zgfncbs@womenbooks.cn
法律顾问：北京市道可特律师事务所
经　　销：各地新华书店
印　　刷：鸿博昊天科技有限公司

开　　本：165mm×235mm　1/16
印　　张：14.75
字　　数：160千字
版　　次：2023年12月第1版　　2023年12月第1次印刷
定　　价：69.80元

推荐序

PREFACE

邓耿博士发来他的新书书稿——《给孩子的化学元素课》，并请作序。我以为，这个选题很好。青少年具有很强的好奇心，他们想知道周围的世界为什么是这样子的，物质是从哪里来的，物质之间是怎么转化的，等等。这本书在很大程度上回答了这些问题，是一本适合青少年阅读的优秀科普著作。

我们周围的物质世界种类繁多，五光十色，千姿百态。但从本质上讲，它们都是由分子组成的，而分子是由原子组成的。我们穿的衣服、吃的食物、住房和交通工具所用的材料也不例外。原子的种类并不是很多，最新的元素周期表共有 118 种元素，这还包括了人造的、寿命很短的元素。地球上天然存在的元素种类只有 94 种，常见的、与人们衣食住行密切相关的元素数目则更少。邓耿这本书的故事虽然只讲到 54 种元素，但内容已经非常丰富，可称作琳琅满目了。

就拿衣食住行的“食”来说，老百姓有个说法：“吃什么补什么。”虽然这个观点被认为科学性不强，但从物质的元素组成的角度看是有一定道理的。比如吃鸭血汤，因鸭血中的血红蛋白富含“铁”元素，而人的血红蛋白也离不开铁（有一类贫血被称作缺铁性贫血），进食鸭血汤能起到补血的作用。与此相关，从补铁的角度看，用铁锅（不锈钢锅）炒菜、使用不锈钢餐具进食应是上策。相较而言，使用铝制炊具就没有这个益处了。高蛋白食物被认为是健康食物，从元素的角度看，这可以看作补“氮”，在科学层面可以与植物的“氮肥”作类比。众所周知，蛋白质是由氨基酸组成的。其中，有八种氨基酸（赖氨酸、色氨酸、苯丙氨酸、甲硫氨酸、苏氨酸、异亮氨酸、亮氨酸、缬氨酸）被称作“必需氨基酸”，它们不能被人体合成或合成速度不能适应机体需要，必须由食物蛋白质供给。那么，我们身体的哪个组织的哪个蛋白质合成中需要这些氨基酸，而又是哪些蛋白质食物富含这些氨基酸呢？对这一组涉及供体和受体的问题，“吃什么补什么”从这个角度讲是正确的。

前面提到了氮肥，它与磷肥和钾肥一起构成了农作物的三大主要肥料。这正是从元素的角度谈论农作物的肥料的，它们是植物生长所必需，而从土壤和空气中摄取常有不足、需要额外补充的元素。三种元素中，“氮”主要用于蛋白质的合成，“磷”主要用于核酸和细胞膜磷脂的合成，“钾”是细胞膜上钠钾泵工作的基本物质，用于维持细胞内外的电解质平衡。有些小伙伴可能听大人说过草木灰可以作为钾肥，而非氮肥和磷肥。究其原因，在燃烧植物体（比如秸秆）的过程中，氮元素和磷元素与碳、氢等元素一样变作气体，飞到空气中了，而钾元素则主要变作无机盐或者氧化物留在灰烬中了，因此可担当钾肥的重任。

身边涉及化学元素的例子比比皆是。手机、笔记本电脑和电动汽车目前多使用锂离子电池驱动，这里的“锂”是大自然中原子质量最轻的金属元素。“氧”是维持生命最重要的元素之一，占人体总重量的大约65%。人可以若干天不吃饭、不喝水而生命无虞，但如果几分钟不呼吸，生命就要停止，可见氧气对生命的重要性。我们也曾听到过河湖污染，蓝藻绿藻泛滥的新闻报道。究其原因，社会工作者会说含磷洗衣粉的使用是罪魁祸首。从科学上刨根问底，“磷”是遗传物质核糖核酸中的重要元素，含磷洗衣粉溶液与污水一起排入湖中，将助推藻类的生长。明白了这一点，就可以理解为什么解决方案是推广使用无磷洗衣粉了。

近年来，小伙伴们一定听过一个被称作“双碳”战略的国家发展战略。这里的“双碳”是指碳达峰与碳中和，具体而言，是我国政府于2020年9月在联合国大会上郑重提出，中国力争在2030年前实现碳达峰（二氧化碳排放量达到最大），2060年前实现碳中和（二氧化碳排放量与消除量持平）。这里的核心词“碳”是一种非常重要的化学元素，它是动物、植物等生命的核心元素。埋藏于地下的动物、植物和藻类等生命体经过复杂的化学变化，成为最重要的化石燃料——石油、煤炭和天然气；化石燃料经过燃烧释放出能量服务于人类，自身变成了二氧化碳，被排放于空气中；二氧化碳在植物等物种的光合作用下转化为葡萄糖，又成为生命物质。这几句话是对非常复杂的碳循环的一个简单描述。18世纪的第一次工业革命以来，化石燃料的过度使用造成了二氧化碳的过量排放，空气中二氧化碳的大量增加带来了温室效应以及地球变暖、冰川冰山融化、海平面上升等。因碳循环的破坏而带来的全球性气候问题被认为是当今世界最大的环境问题。正是基于这样的背景，我国政府提出了

“双碳”战略目标，倡导大家采用绿色、环保、低碳的生活方式。

通过上面这几个小例子可以看到，认识化学元素，了解它们的来龙去脉，对于深入认识我们自身和周围世界、看懂新闻报道、理解国家发展战略、选择升学就业的领域，甚至确立人生发展目标都是很有裨益的。从这个角度讲，邓耿的《给孩子的化学元素课》是为青少年量身定做的科普读物。

邓耿博士具有很好的文理基础。他本科就读于清华大学化学系的化学生物学专业，其后在化学系获得了物理化学专业的博士学位，理科基础坚实。他的文学造诣颇深，文字基础是同辈人中的佼佼者，毕业后在清华大学写作与沟通教学中心工作，为全校本科生开设通识写作课。他常写诗作赋，每年春节和教师节都会给我发送新创作的对联祝贺。

这本书是邓耿继《化学基础论（少儿彩色版）》和译作《化学基础论》之后的又一部力作。全书集知识性和趣味性于一体，图文并茂，可读性强，是一本适合青少年阅读的科普佳作。如果把书与中学化学课程匹配，效果一定更好。

清华大学教授、博士生导师

尉志武

2023 年 10 月

引子

一 万物初始

二 生命来自盖亚

三 生命来自海洋

四 生物也有决定权

五　金属纪年

六　让化学成为一门科学

七 元素大发现

八 从周期律到原子核

九　地球之外

附录

引子

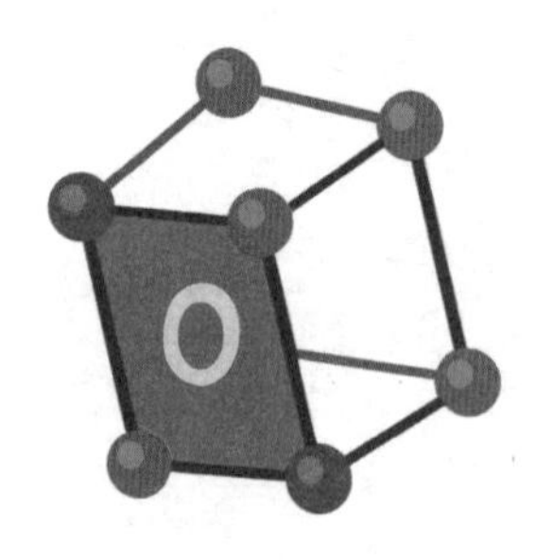

西瓜能无限切下去吗

当你切西瓜的时候，不知道有没有想过这样一个问题：西瓜能无限地切下去吗?

别看这个问题显得荒唐，几千年来有无数思想者思考过与此相似的问题。2000 多年前，战国时期的惠施（约公元前 4 世纪）曾经说，“一尺之捶，日取其半，万世不竭”（《庄子》），意思是如果有一根一尺长的木棒，每天都截取它前一天长度的一半，那么一万年也不能取尽。惠施的想法很符合我们的一般经验，因为在切西瓜

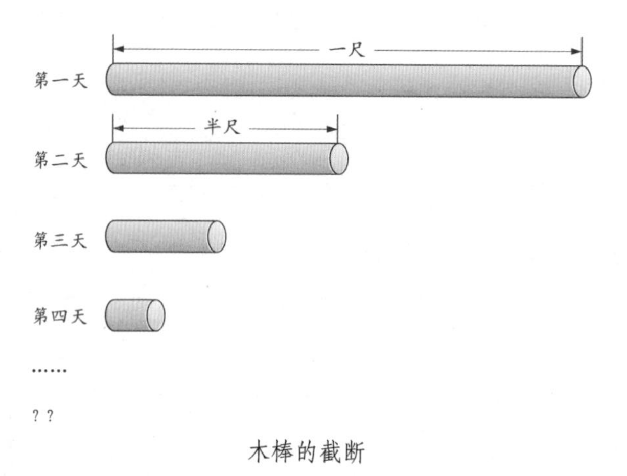

木棒的截断

的过程中，就是不断地一切为二、二切为四、四切为八……这样进行下去的，只要我们有足够锋利的刀，看起来总能把西瓜无限切下去。

不过，如果我们换一种思考方式，可能情况就不一样了。现在让我们把一堆花生米按照同样的方式不断地一分为二、二分为四、四分为八下去，就会面临这样一个问题：花生米的数量是有限的，总有一个时刻，我们会发现，分到此时花生米只有一粒了，没法再分下去。如果要再分下去，就必须切开花生米了。这说明，像一堆花生米这样、由众多的小颗粒组成的物品，就无法无限分割下去，因为颗粒的数目是有限的。

既然如此，那么为什么西瓜就能无限切下去呢？组成西瓜的，难道就是无限连续的物质吗？

事实上，同样在2000多年前，古希腊的哲学家德谟克利特（约公元前460—前370年）就提出了这样一种猜测：一切的物质（不管它是西瓜、木棍、花生米，还是金属、流水、石块，甚至是天上的星星），都是由非常小的微粒组成的，这种微粒不能再分割下去，因此是组成物质的本原，德谟克利特把它们叫作“原子”。原子足够小，小到我们用肉眼、用放大镜都无法看见，但它的数量总是有限的，也就是说，西瓜是无法无限切下去的。

德谟克利特的想法在当时引起了很大的争议，因为谁也没有看到过原子，也就没有人能支持他的这种假说，反而都认为这种假说很荒谬。但经过漫长的时间，德谟克利特的思想还是流传了下来。从牛顿的时代开始，科学家们逐渐认识到，物质可能确实由某些微粒组成，比如牛顿自己就提出，光的本质是一种微粒。列文虎克发明的显微镜一度给科学家们带来观察原子的希望。不过，光学显微镜虽然放大了很多肉眼看不到的物体，让我们发现了细菌、寄生虫和细胞，但仍然没有看到原子的踪迹。

1827 年，英国的植物学家布朗用显微镜发现了一种奇特的现象：微小的植物花粉颗粒在水中并不是静止的，也不是有规律地运动的，而是处在看起来毫无规律地随机运动中。这就好像我们看见水面上漂浮着的乒乓球既不是静止不动，也不是沿着某些轨迹运动，而是在完全没有方向地四处乱动一样。由于花粉颗粒之间并没有相互接触，布朗没有办法理解这种运动产生的根源。

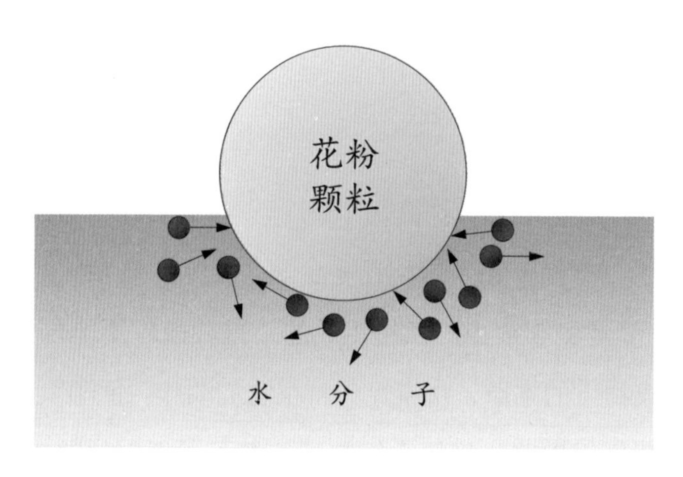

布朗运动的原理

布朗的实验结果引起了物理学家们的广泛兴趣。他们提出，很可能是这样的一种情况：花粉颗粒被水中存在的大量微小粒子推动，在显微镜下不能直接看到这些微小粒子，而它们的存在恰恰可以从花粉的随机运动中推测出来。也就是说，水面上的乒乓球之所以到处乱动，并不是由于它们自己在随心所欲地运动，而是四面八方有大量我们肉眼看不到的微粒在不断撞击这些乒乓球，而这种撞击是完全随机的，一会儿来自这边的撞击多，一会儿来自另一边的撞击多，因此它们也就随着撞击一会儿向这边移动、一会儿向另一边移动。科学家将这种运动形式命名为布朗运动。

到了1905年，物理学大师爱因斯坦深入地研究了布朗运动的规律，并给出了定量描述布朗运动的理论公式。爱因斯坦是一位深信原子存在的科学家，他指出，只要他推导的方程与实验观察的结果一致，就能证明在水中确实存在着微小的颗粒，也就间接证实了原子的存在。实验结果不出爱因斯坦所料。因此，原子的存在也得到了科学家们的广泛认同。到了今天，我们已经可以用电子显微镜直接观察到某些原子的形状和大小，甚至对单个原子进行搬运和组装。

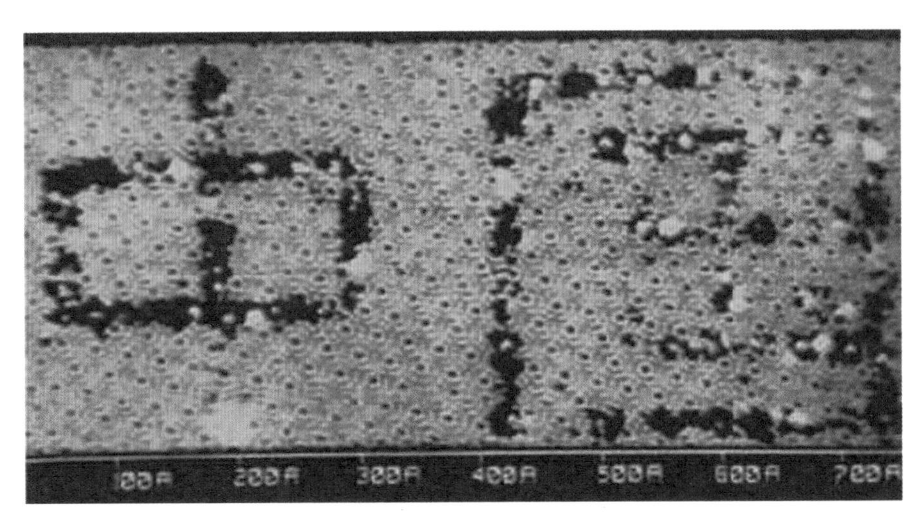

1993年，中国科学院真空物理实验室的科学家利用超真空扫描隧道显微镜技术，在一块晶体硅（由硅原子构成）的表面刻蚀硅原子，写下了“中国”两字。

这就彻底回答了最开始提出的问题：西瓜是不能无限切下去的，因为它有组成西瓜的最小微粒：原子。

今天我们已经知道，物质是由原子组成的，而原子并非只有一种，原子像积木一样，有很多种不同的“形状”和“颜色”。为了区分不同种类的原子，我们把同样种类的原子叫作一种“化学元素”，或者就简称为“元素”(至于为什么叫“元素”，我们会在后文解释)。元素及其之间的组合与演化，构成了我们这个世界的各个部分。下面就让我们从原子的诞生开始，走进元素的“编年史”，开始一段激动人心的化学元素时空之旅吧。

一

万物初始

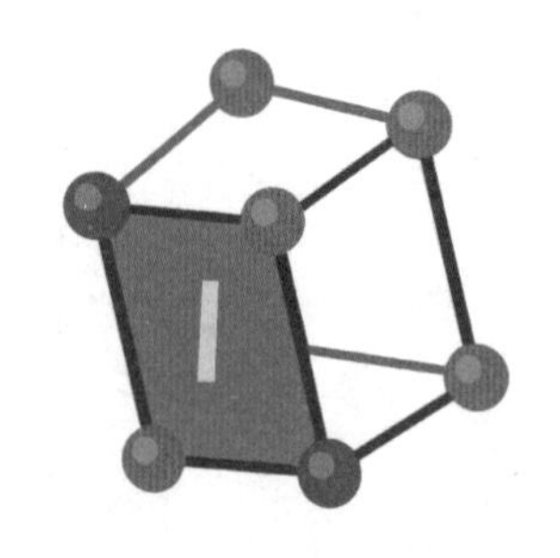

原子从哪里来

物质世界十分奇妙。其中一个奇妙之处在于，不同时空尺度上的科学问题常常可以用同一个答案回答。我们为了研究物质组成的微观结构，就要去探究原子的起源。而原子的起源，则与宇宙的起源息息相关。

现在被科学界广泛接受的宇宙起源模型是宇宙大爆炸模型。大爆炸模型指出，在宇宙过去的某个时刻，整个宇宙所有的物质和能量都收缩到了一个点上，这个点在数学上既没有长度，也没有宽度和高度，因此是一个无穷小的点。人们把这个点称为奇点。宇宙正是来源于奇点的爆炸，所有的星球，比如太阳、月亮、地球上的一切，都来源于奇点最初爆炸时释放的物质和能量。

宇宙大爆炸发生在非常遥远的过去，科学家们估计它大约发生在 137 亿年前，这比地球或太阳的年龄还要长 3 倍，和我们人类活动的全部历史时间相比更是漫长得令人难以想象。如果从大爆炸以来的时间是一天的长度的话，人类的活动在其中不过相当于最后几十秒。但科学家们仍然能够通过大爆炸之后宇宙空间留下的蛛丝马迹，推测当时爆炸的细节信息。

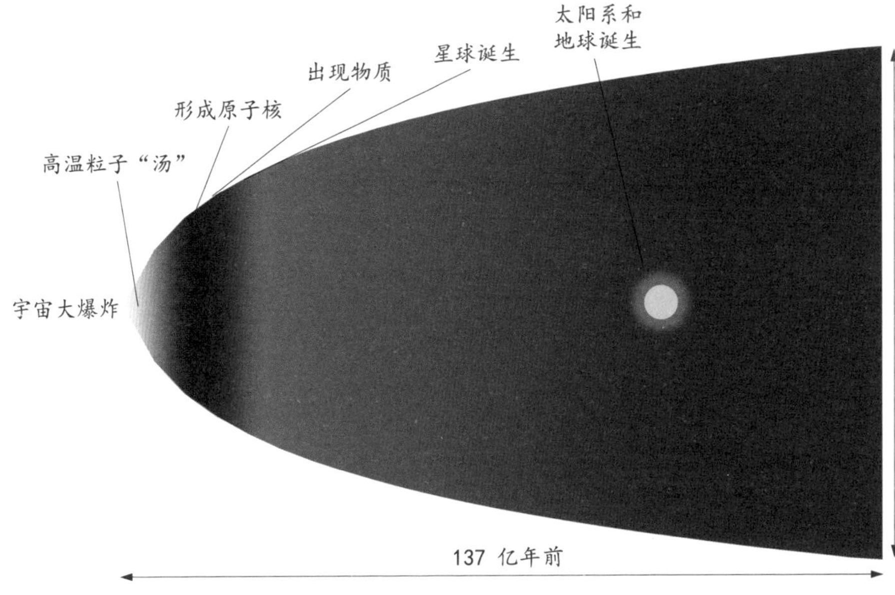

大爆炸之后的宇宙膨胀和演化历程

在大爆炸开始之初，整个宇宙以十分稠密的高温物质形式存在，科学家们将其比喻为一锅温度极高的“浓汤”。这时的宇宙中并没有原子，而只有以不同能量形式存在的一些基本粒子，如夸克和光子等，它们比原子小得多。由于宇宙的温度很高，此时不同能量的基本粒子之间不断发生着碰撞、振荡和其他运动，而不能组合成为更大、更稳定的粒子。这种高温粒子“汤”的状态大约从大爆炸开始后的十万分之一秒开始，持续了 10 秒左右。

大爆炸开始 10 秒后，宇宙逐渐从最初的极高温度状态降温至 30 亿摄氏度（但仍比地球上的一般温度高出了一亿倍），而由于爆炸造成的空间膨胀，宇宙中基本粒子的密度也降了下来。这时候，一些较重的基本粒子开始相互组合成更重的粒子，其中最重要的一类是质子与中子的组合。质子带有一个正电荷，中子不带电荷，它们的质量差不多。质子和中子之间可以通过更小的胶子相互连接，胶子就像胶水一样，将不同数量的质子和中子“黏结”在一起。这样形成的新的粒子中可能包括不同数量的质子和中子，科学家称其为原子核。

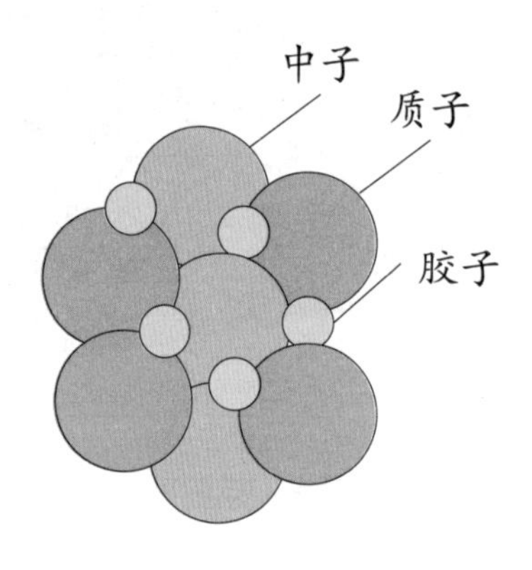

原子核的组成

由于质子带有一个正电荷，而中子不带电，因此原子核应当带有正电荷，其电荷数是由质子的数量决定的，而其质量则是由质子和中子的总数决定的。在大爆炸后，宇宙中形成了不同种类和数量的原子核，但是由于形成原子核需要质子和中子直接结合，最简单的一个质子和一个中子就能直接碰撞形成一个原子核，而那些需要很多个质子和中子碰撞形成的原子核就很难一次形成。所以总的看来，宇宙中那些含质子和中子数较小的原子核一般要更多，也就是说质量轻的原子核更多，质量重的原子核更少。在大爆炸开始之后这一阶段形成的原子核，主要是只含有一个或两个质子的原子核。

不过，这时的宇宙温度还是太高，只能允许带正电的原子核形成，还不能允许不带电的原子形成。原子的诞生还要等到再过约 38 万年后，当宇宙整体的温度降低到 3000 摄氏度以下，此时物质从高温下的等离子态中解放出来，带正电和带负电的粒子之间可以通过吸引作用组合成更大的粒子。带正电的原子核便在此时与带负电的电子相互作用，形成了不带电的原子。有了原子，我们今天熟知的一切物质世界便拉开了真正的序幕。

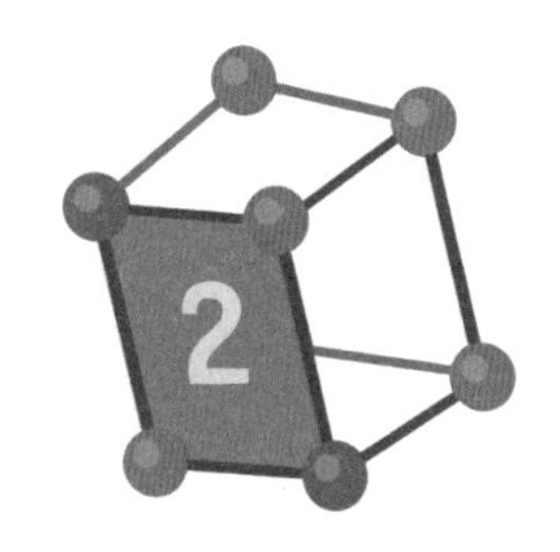

第一种元素：氢

氢原子是最轻的原子，这也是它在中文里被称为“氢”的原因。在英语中，氢被叫作 Hydrogen。它有另一个含义来源：Hydrogen 中的 Hydro 是希腊文中“水”的意思，-gen 是希腊文中表示生成、来源的后缀，Hydrogen 的意思就是能够生成水的元素。不过这与氢元素的发现有关系，我们后面会提到这一点。

上一节中我们提到，在宇宙温度降低的过程中，首先发生的是质子和中子之间的组合，接着发生的是质子或者原子核与电子之间的相互吸引。最简单的原子核就是一个质子自己组成的原子核，没有中子参与。一个质子带有一个正电荷，刚好可以吸引带有一个负电荷的电子，这就形成了氢原子。电子的质量差不多是质子质量的一千八百分之一，几乎可以忽略，前面这种氢原子的质量差不多就是一个质子的质量。我们再也找不到比这样的组成更小的原子，因此，氢原子是最轻的原子。

1783 年 12 月 1 日，法国科学家查理和罗伯特乘坐氢气球在巴黎杜伊勒利宫成功起飞，这是人类历史上第一个载人的氢气球。

至于这个元素名称中的“气”字头，与它的性质相关。由于氢原子是最轻的原子，由它组成的物质，也会是最轻的物质。在日常生活中，我们总能观察到各种不同的物质状态，经验告诉我们最重的物质往往是固体，液体要轻一些，而最轻的是气体。在气体中，最轻的就是氢气了，用氢气做成的气球甚至可以在空气中飘浮起来，如果不牢牢抓住的话，就会一直飞到高空。

我们前面说过，原子核往往是由质子和中子组成的。那么在氢原子中，除了一个质子和一个电子是必需的之外，还可以往原子核中加入一个或者更多的中子。中子本身不带电荷，因此不会影响质子和电子之间的结合。不过，与电子不同的是，中子和质子的质量差不多大，如果在原子核中有一个质子和一个中子，这样的氢原子会比只有质子和电子组成的氢原子重差不多一倍。这样的两种原子都是氢原子，但它们原子核里的质子数量相同，而中子数量不一样，好像一家子体重不同的兄弟姐妹，科学家们把它们称为同位素（isotope）原子。

对氢原子而言，同样一个原子核中既可以没有中子，也可以有一个或两个中子，因此至少有“三兄弟”同位素，有时会把它们称作氕（piē）、氘（dāo）和氚（chuān），气字头下面的笔画数代表它们的原子核中质子和中子的总数，也可以标记为氢-1、氢-2和氢-3，数字代表原子核中质子和中子的总数。不过，在天然状态下，氢原子的主要成分都是氕原子，氘原子大约占总数的百分之一不到，而氚原子几乎就不存在。

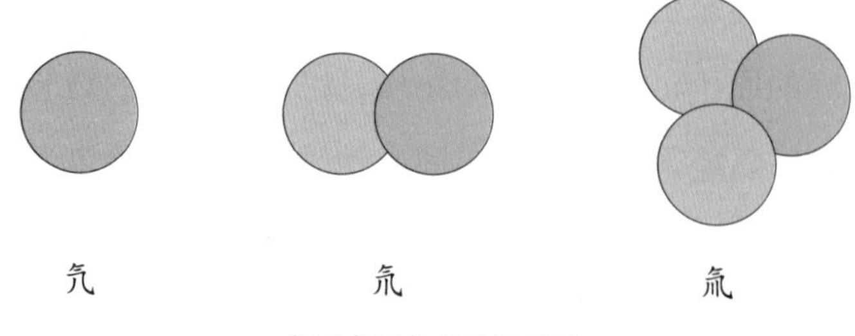

氢元素同位素的原子核

氢元素“三兄弟”的脾气很有特点。它们在发生化学反应时性质都很相似，主要的区别是在和原子核相关的那些性质上不一样。而正是这点不同，照亮了初生的宇宙。

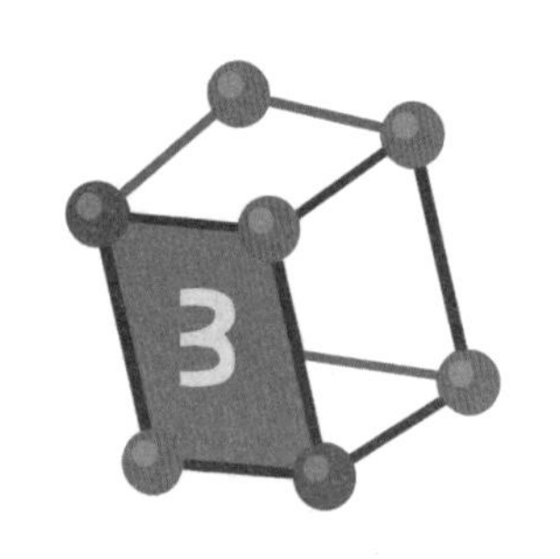

点亮夜空

天气好的时候，只要我们抬头望向天空，总会看到无数光芒。在白天，是太阳的光辉普照大地，在夜晚，是众多星星闪耀着微芒。其实，绝大多数星星和太阳一样，只不过它们离我们太过遥远，在夜幕中看起来只是小小的一个亮点。我们把这些能够自己发光的星星叫作恒星。

而如果回到氢元素刚刚诞生的宇宙拂晓，那时候还没有任何恒星，宇宙整体是一片黑暗，只有各式各样的粒子和比较简单的一些原子在运动着，比如氢原子。由于原子已经不带电荷了，它们之间只能通过万有引力相互吸引。当很多氢原子聚集在一起时，就会形成一团气体，而这团气体又会接着吸引别的氢原子加入，从而越来越大。

实际上，宇宙中的大多数恒星都是以这样的氢原子团为主体组成的，它们的体积可以非常巨大。以太阳为例，它和地球一样，也是一个巨大的球，但是太阳的直径差不多是地球的 100 多倍。现在的超声速飞机绕地球一圈需要花不到一天的时间，如果绕太阳一圈的话就要 4 个月的时间。因此，太阳的体积就更比地球的大，大约相当于 100 多万个地球的体积。在恒星家族中，太阳算是中等个头，还有比太阳大上几百倍甚至几千倍的恒星呢。

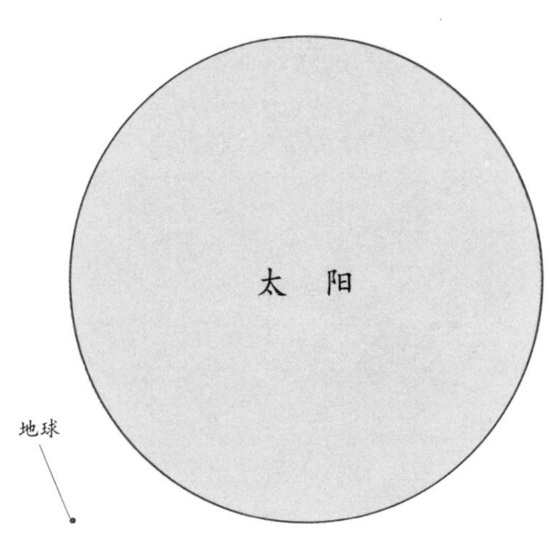

太阳与地球的实际大小对比

如此巨大的恒星，它们的质量也十分巨大。更重要的是，由于引力的作用，组成恒星的所有物质都会向恒星的核心聚集，比方说大量的氢原子。在恒星中心附近，这些氢原子紧紧地挨在一起，处于高温高压的环境中。这时还想维持一个原子核中只有一个质子的结构，就会显得很困难。巨大的压力和极高的温度会使两个原子核之间发生“吞并”，就像水面上的油滴在外力挤压下会相互融合一样，我们把这种过程叫作热核聚变。

最简单的热核聚变就是两个氕原子间的聚合，本来它们的原子核中就只有一个质子，这两个质子相互聚合，结果变成了一个质子和一个中子组成的氘核。由于中子不带电，这个过程中丢失了一个正电荷，同时放出大量的光和热。这就像在茫茫夜空中划亮了一根火柴，点燃了氢原子，也从此开始了源源不断的发光过程，点亮了整个宇宙。

氕 + 氕 ⇒ 氘 + 能量

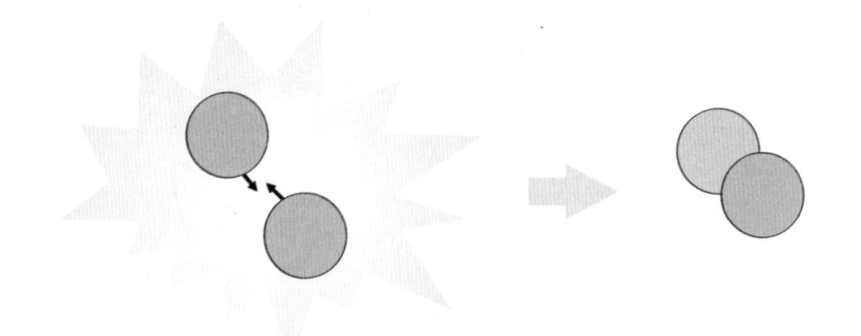

热核聚变的第一步放出能量

紧接着上面的过程，一个氘核还可以与另一个氕核（也就是质子）进一步发生聚合，这时候氘核中的一个质子和一个中子就可以抓住另一个质子，组成一个由两个质子和一个中子组成的原子核。这个原子核不再是氢原子核了，因为它的质子数不再是一，而是二，所以它有一个新的名字：氦原子。

氘 + 氕 ⇒ 氦-3 + 能量

顾名思义，氦和氢一样，也是气体元素，但它们的质子数并不相同，氦原子比氢原子多一个质子，因此也要比氢原子重一点。氦这个名字是对它的英文名字 Helium 的音译，这个词来自古希腊神话中太阳神赫利俄斯的名字 Helius，表示这种元素来自太阳。上面的氦原子之所以标为氦 -3，是因为它的原子核中含有一个中子和两个质子，一共三个粒子。与氢原子类似，氦原子也有含有两个质子和两个中子的同位素——氦 -4。

上面的聚变反应为我们点亮了恒星的“火炬”，同时也使恒星产生了除氢元素之外的更重的元素——氦。实际上，所有其他元素的诞生，都可以追溯到恒星的热核聚变上来，恒星就是孕育元素的摇篮。

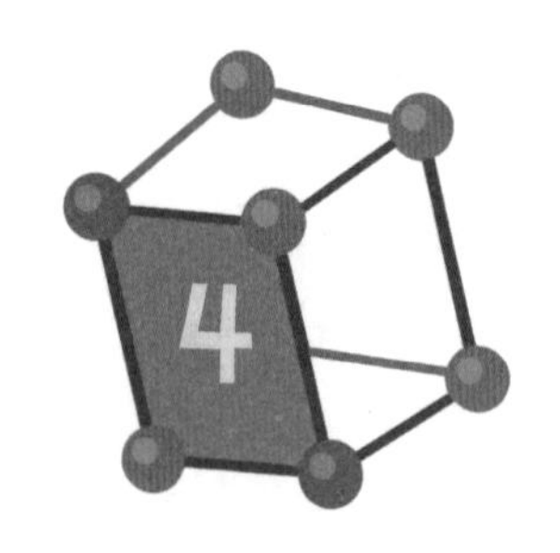

孕育元素的摇篮

今天我们已经知道，超过一百种元素存在于宇宙中，而它们的绝大多数都来自恒星内部的热核聚变反应。如我们前面已经解释过的那样，原子核中唯一带电的是质子，原子核中的质子数决定了原子核带多少个正电荷，也决定了原子核外有多少个带负电荷的电子。因此，不同质子数的原子核具有不同的核电荷数，也就具有不同的电子数，从而具有不同的电子性质，在宏观尺度上表现为各种不同化学性质的差异。我们把那些具有相同质子数的原子称为同种元素（element）的原子，或者把同种原子组成的宏观物质叫作某种元素。

前面我们已经提到，在初生的恒星中，主要的元素是原子核内有一个质子的氢元素和两个质子的氦元素，它们构成了恒星燃烧的主要“燃料”。在恒星演化的漫长过程中，它们可以不断地发生聚变反应，从而产生新的元素。一颗像太阳这样的普通恒星，其氢元素和氦元素足以支撑一百亿年的燃烧，因此产生的元素也是巨量的。

在漫长的一百亿年中，主要的过程是氢元素的聚变反应，通常是四个氕原子融合成一个氦 -4 原子的“氢燃烧”过程。如果还记得上一节我们讲过的从氕到氦 -3 原子的聚变过程，实际上相当于三个氕原子经过聚变得到一个氦 -3 原子：

氕 ＋ 氕 ＋ 氕 ⇒ 氦-3 ＋ 能量

两个氦 -3 原子可以进一步发生聚变反应，得到一个氦 -4 原子，并释放两个氕原子，同时放出能量：

氦-3 ＋ 氦 -3 ⇒ 氦-4 ＋ 氕 ＋ 氕 ＋ 能量

所以实际上是六个氕原子生成了一个氦 -4，又释放出两个氕原子，相当于四个氕原子生成了一个氦 -4 原子。这就是太阳中主要发生的“氢燃烧”过程。

但到目前为止，恒星还不能产生质子数更大的原子。要想进一步产生其他原子，就需要更高的温度和更多的原料。当恒星演化到后期，氢原子燃烧殆尽时，氦原子就会在高温高压下进一步发生各种聚变，最直接的聚变就是三个氦 -4 聚变的“3 氦过程”。两个氦 -4 原子可以发生聚变反应，得到含有四个质子和四个中子的铍 -8 原子：

氦-4 ＋ 氦 -4 ⇒ 铍-8 ＋ 能量

铍（Beryllium，因为最早发现于绿柱石 beryl 中而得名）-8 原子不太稳定，如果此时它周围有多余的氦 -4 原子，它马上就会抓住氦 -4，接着发生下一步聚变反应，得到含有六个质子和六个中子的

碳 -12 原子：

铍-8 + 氦-4 ⇒ 碳-12 + 能量

这两步过程可以进行得非常迅速，总的过程相当于三个氦 -4 聚变成一个碳 -12 原子：

氦-4 + 氦-4 + 氦-4 ⇒ 碳-12 + 能量

碳（carbon，来自拉丁文“煤炭”carbo）元素是我们耳熟能详的最重要的元素之一，也是地球上生命活动最主要的组成元素之一。生成碳元素的“3 氦过程”同样十分重要。在恒星演化过程中，往往在前期积累了大量的氦 -4，然后就像在一堆干木柴上扔了一根点燃的火柴一样，在极短的时间内发生连锁的“3 氦过程”（俗称“氦闪”），迅速把几乎所有的氦 -4 聚变掉，同时放出巨大的能量，可能比整个银河系同一时间内放出的能量都要多。在这一瞬间，恒星也会变得非常明亮，即使很远的地方也会看到爆炸的光芒，这被地球上的人们称为超新星（supernova）。

“至和元年（公元 1054 年）五月，晨出东方，守天关，昼见如太白，芒角四出，色赤白，凡见二十三日。”——《宋会要》卷五十二

（译文：至和元年五月，一颗新星在早晨从东方升起，位于天关区域，在白天都可以看见，像太白金星一样。它有四散的星芒，颜色是红白色，一共显现了二十三天。）

1054年超新星爆发的残骸蟹状星云（Crab Nebula，金牛座M1）

超新星爆发释放出巨大的能量，但同时也进一步促进了原子之间的相互聚合。在极高的温度和压力下，碳原子和其他原子还可以进一步聚合，从而形成大于六个质子数的各种重元素。例如，一个碳-12原子接着聚合一个氦-4原子，得到八个质子的氧-16原子：

碳-12 ＋ 氦-4 ⇒ 氧-16 ＋ 能量

氧（oxygen，其意义是酸“oxy”和根基“gene”）同样是生命活动中不可或缺的元素，今天我们主要依靠呼吸氧气为生。按照上面的方式，相差两个质子数的原子大多可以通过继续聚合一个氦-4原子来获得，从而制造出了大多数重元素，一直到含有26个质子的铁（iron）元素。但当铁原子想要继续聚合氦-4原子时，这一过程就不是放出能量，而是需要吸收能量了，因此如果没有进一步的能量来源，常规的核反应到这里就不能再进行下去了。

超新星爆发后，恒星便只剩下一个残骸。但有的恒星质量比较大，残骸可以继续维持核反应，这时就塌陷为温度更高、压力更大、更加致密的白矮星。在白矮星上，由于引力的作用，之前难以发生的核聚变反应可以继续进行下去，从而得到更重的元素，例如金（gold）元素和银（silver）元素。随着恒星质量进一步增大，比白矮星更致密的中子星发生碰撞的时候会造成更多的重元素，比方说铂（Platinum，即白金）元素。

在漫长的恒星演化史中，各种元素主要都是通过上述方式一步步合成出来的。而随着恒星的死亡和星际运动，这些元素的原子飘散到宇宙的各个角落，其中有一些恰好组合起来，构成了我们所栖居的地球世界。

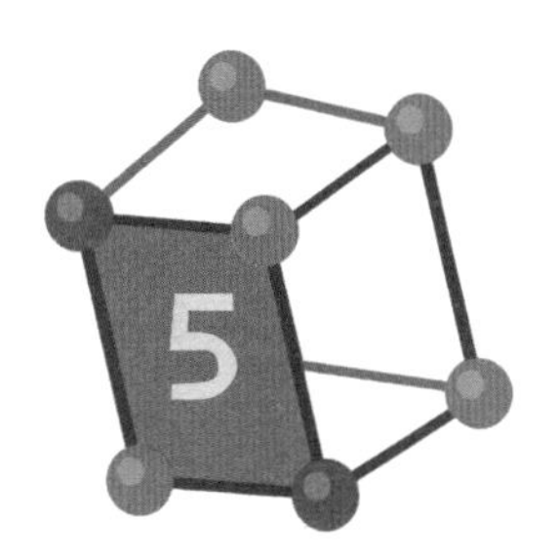

气、水和土

环顾我们身处的地球环境，最常见的存在便是气、水和土。在古希腊时期，“元素”最早指的就是上面提到的气、水、土，以及前面提到的恒星上燃烧的“火”。不过今天我们已经知道，那时候的“元素”还只是一些抽象的概括，客观世界中存在的气、水和土，都应当是由别的元素一一组成的。

之前我们提到的都是恒星。恒星一般都是气体星球，主要由氢元素和氦元素组成。但由于恒星中的温度太高，氢元素和氦元素都以原子甚至离子形式存在。但如果当它们逃逸到宇宙空间中，就会发生一些别的变化。随着温度的降低，原子和原子之间运动不再剧烈，它们开始相互靠近。一个氢原子的原子核外面只有一个电子，而两个氢原子走到一起，便可以共享两个电子，这在能量上是更加稳定的。因此，氢原子在较低的温度下，便倾向于两两成对，组成由两个氢原子构成的“双黄蛋”。

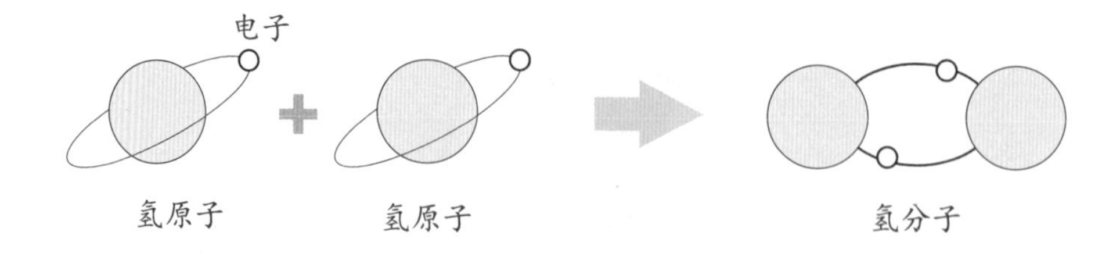

氢分子的形成

我们把这种由多个原子组成的、彼此之间通过共享电子的形式结合起来的原子团称为分子（molecule）。两个氢原子组成的氢分子便是最简单的分子。

为了简化分子组成的书写，化学家引入了元素符号来代替元素名称，从而可以方便地表示不同元素组成的分子。例如，氢元素的元素符号是 H，一个氢原子便是 H，两个氢原子是 2H，而两个氢原子组成的分子则标记为 H_2，即

$$H + H \Rightarrow H_2$$

类似地，氧（元素符号为 O）原子也可以组成双原子的 O_2 分子，原子核内含有七个质子的氮（nitrogen，其意义是硝石“nitro”和根基“gene”，元素符号为 N）原子也可以组成双原子的 N_2 分子。上面这些双原子分子，在常温下都是气体，它们就是我们熟悉的氢气、氧气和氮气。氧气和氮气构成了地球大气的主要成分，其中氧气约占 21%，氮气约占 78%。

不过也有例外。例如氦（元素符号为 He）原子就不喜欢两两成对，而反倒喜欢自己待着，它们自己就组成了单原子分子 He，在常

温下就是氦气。具体为什么它们不喜欢成对、而别的元素原子喜欢成对，我们后面会再解释。

同种元素的原子之间可以相互结合，那么不同元素的原子之间是不是也能相互结合呢？

答案自然是肯定的。不过它们之间的结合需要遵循一些规律，不能随意结合。

不同元素的原子之间相互组合，有着固定的数目比例。比如一个氧原子，不能只和一个氢原子结合，也不能和三个氢原子结合，必须和两个氢原子相互结合，才能形成稳定的分子。我们把两个氢原子和一个氧原子的结合产物写成 H_2O，或者称呼它为一氧化二氢。实际上，这就是我们非常熟悉的水分子。

水分子在常温下就不再是气体了，而是液体。相较于气体，液体虽然也可以四处流动，但有着固定的体积，不能随意扩散或压缩。有了液体，自然也会有更加坚硬的固体。固体不仅有着固定体积，还有固定形状，不能四处流动了。这往往是更重的原子相互化合的产物，或者是更大的分子的结果。例如前面提到的碳元素，它的原子可以成千上万个结合起来，组成透明的金刚石或者黝黑的石墨，这都是固体的典型代表。我们脚下的大地就是由各种各样不同的矿物固体组成的。

气、水和土，在今天看来就是气、液和固三态的典型代表。同一种分子的不同状态之间是可以相互转化的，转化的条件就在于温度。我们都知道，烧开水的时候，水会变成蒸汽从水壶中冒出来，这就是升高温度，把液态转变为气态。而冬天降温的时候，房檐上的积水便会冻结成冰凌，这便是降低温度，把液态转变为固态。三态的转变为物质世界提供了丰富多彩的变化，也使地球成为能够允许生物诞生的摇篮。

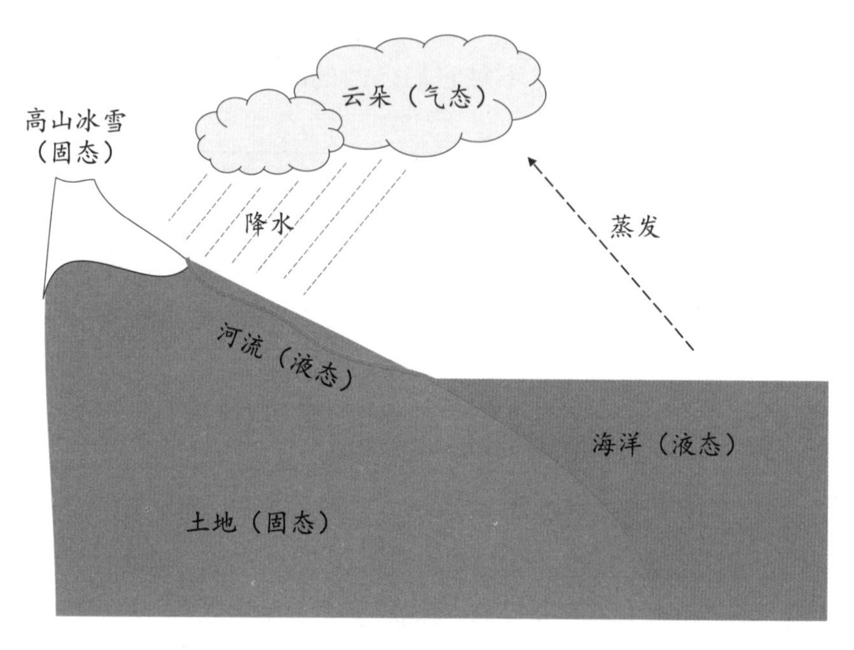

地球上水的三态

二

生命来自盖亚

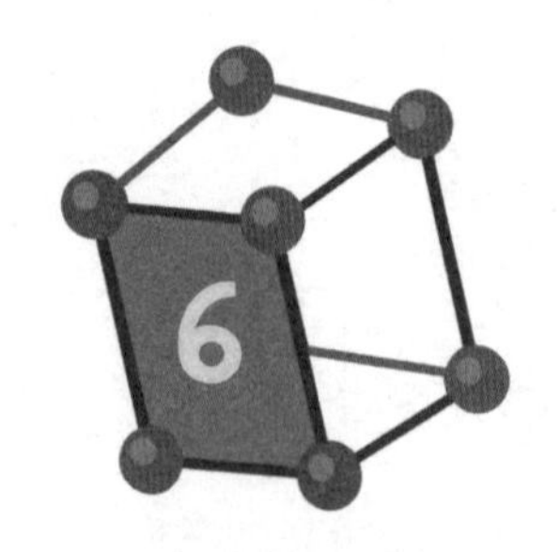

地球诞生

今天我们都知道，地球围绕着太阳运转，是一颗行星，并且有众多同样围绕着太阳运转的兄弟行星。不过在太阳系的众多行星当中，地球是相当特殊的一个。前面我们提到，恒星合成并飘散出来的物质，可以以多种不同的形式存在，这也就造成了太阳系中多种多样的天体。

如果按照不同组成来分析，太阳系中的行星大体上可以分成三类。第一类是和太阳自己十分相似的气态行星。如果大家还记得前面提到的气体，就会知道，气态行星的主要成分是氢和氦。我们熟悉的木星和土星就属于气态行星，它们也是太阳系中最大的两颗行星。如果我们用高倍望远镜观察木星，就会发现它的表面并不像地球那样有着固定的结构和形状，而是更像太阳，有着不断变化的斑纹，像是天空中的云气一样一刻不停地在运动。著名的木星大红斑就是一个巨大的气团旋涡。

第二类行星是完全以固体形式存在的小行星，它们的性质和地球上的岩石差不多，可能元素组成比例稍有不同，但一般都是以氧

木星表面的大红斑和近处的木卫一对比

元素和硅元素为主要骨架组成的，有的还含有丰富的铁元素。地球上有时候会捕捉到一些陨石，这些陨石就是小行星的遗骸碎片。大的小行星直径可以有几百公里，小的可能只有几米。在太阳系中，有一个专门的小行星带，位于火星和木星的公转轨道之间，容纳众多小行星在其中运行。

第三类就是我们生存的地球。地球的结构和上述二者稍有不同，它的层次更丰富，组成元素也更多。我们环顾自己生存的环境就会发现，在地球上同时存在气体、液体和固体。我们头顶的大气层里富含氧气和氮气，是我们赖以生存的气体来源。地面上覆盖着大量的液态水，地球上 71% 的表面都由水覆盖，只有 29% 的表面是暴露出来的陆地。但在水面之下，是岩石构成的坚硬地壳，以及地壳内部的地球结构。地球上这种三态共存的结构为生命的诞生提供了得天独厚的条件，后面将仔细展开分析。

而太阳系中其他的行星就不具有这种优越的条件了。水星离太阳最近，温度也最高，表面可能残留的水和大气都被炽热的太阳烤没了，只剩下裸露的岩石。离地球最近的金星本来也很有机会，但它表面的大气中含有一种气体分子，即二氧化碳 CO_2（顾名思义它是由两个氧原子和一个碳原子组成的，后面我们还要经常和它打交道）。二氧化碳是一种温室气体，这使金星表面的温度也升高到了好几百摄氏度，液态水在这样的温度下早就沸腾了。离地球稍远一点的火星只有一层薄薄的大气，并且至今没有发现它表面有液态水的存在。再远的天王星和海王星温度都远远低于水的结冰温度，可能是两颗泛着浅蓝色光芒的大雪球。

至今我们也不能完全清楚地球到底是如何形成的，但我们已经发现的宇宙所有星球中也只有地球才具有可以供生命繁衍生息的条件，它是我们唯一的家园。

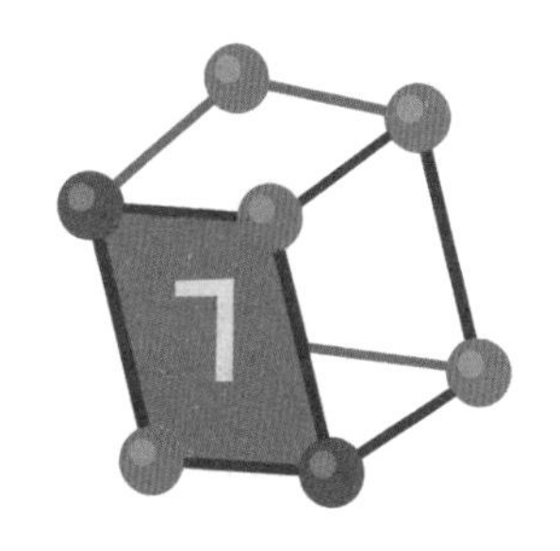

洋葱、鸡蛋还是溏心巧克力

无论是中文“地球”，还是英文“earth”，都与“土”息息相关。当今天的我们俯视脚下的大地，一个十分自然的问题是：地心深处也是由泥土和岩石组成的吗？其实，古人早就问过这个问题了。大概古人低头看地，发现走到哪里大地的样子都是泥土、砂子或岩石，就觉得“土”应当是组成世界的基本成分了。

但是大地深处，并不完全是我们熟知的“土”，还有其他组成部分。打井能打出水来，于是有传说大地像船一样浮在水面上。地底还会有火山喷发，于是有传说大地深处是一团火焰，甚至有温度一层高于一层的地狱。19 世纪，著名的科幻小说家儒勒·凡尔纳在《地心游记》里想象地球内部有着复杂的空间结构。总之，地球这颗巨大的圆球，究竟是像洋葱那样剥完一层还有一层，还是像鸡蛋那样外面是硬壳，里面有核心，甚至是像溏心巧克力那样由固体包裹着液体，一直是一个难题。

“地球里面到底是什么”这个问题，直到人们了解了地球组成的来源之后，才真正搞清楚。我们已经知道，像太阳这样的恒星是孕

1867 年版《地心游记》中幻想地底世界的插图

育元素的摇篮，它们通过众多的核反应合成出各种元素的原子。那些比氢元素和氦元素要重的元素通过恒星物质的喷发，或者是古老恒星的衰亡解体，散播到宇宙空间中，进而成了其他行星的材料来源。地球也不例外。

在太阳系形成之初，所有的星际物质还并未形成一颗一颗的行星，而是以尘埃和云团的形式聚集在新生的太阳周围，这就是著名的“星云假说”。这些尘埃和气团中比较重的元素原子中，最重要的元素之一就是铁元素。由于铁元素原子的质量更大，便通过万有引力相互吸引起来，构成了后来形成各个行星的重元素核心。

这时候，整个太阳系的温度还很高，这样形成的重元素核心可能有很多，它们彼此就像是一个个面团在面粉中滚动一样，不断吸引周围飘浮的气体和尘埃，甚至发生彼此之间的碰撞与合并。随着核心的不断运动，其外表也不断聚集到比铁更轻的元素，例如我们之前提到过的氧元素，还有两种非常重要的元素：硅（Silicon，源自燧石的拉丁文名“Silex”，元素符号为Si）元素和铝（Aluminium，源自明矾的拉丁文名“Alum”，元素符号为Al）元素。

硅原子含有14个质子，铝原子含有13个质子，它们都是在恒星的核反应早期通过氢、氦、碳、氧等原子合成而来的。它们是帮助固态行星形成的重要元素。一方面，由于它们的质子数较少，在恒星合成重元素的过程中处于早期阶段，因此它们的数量是很可观的，比含有20个质子以上的元素原子要多得多。另一方面，它们能与氧元素形成稳定、耐热的固体物质，例如我们熟悉的石英，就是硅元素和氧元素组合而成的，它是大地上岩石砂粒的基本骨架之一。其他早期形成的轻元素，要么自己是气体（例如氢、氦），要么形成的物质主要是气体和液体（例如碳元素，它和氧元素形成的一氧化碳和二氧化碳都是气体），不能承担构成固体星球的重任。

今天我们知道，地球上含量最高的四种元素是氧、硅、铝和铁。它们通过上述过程，形成了一个具有重元素核心和轻元素外壳的原始地球。这时候我们可以回答前面的问题了：地球既不像洋葱，也不像溏心巧克力，它更像鸡蛋。

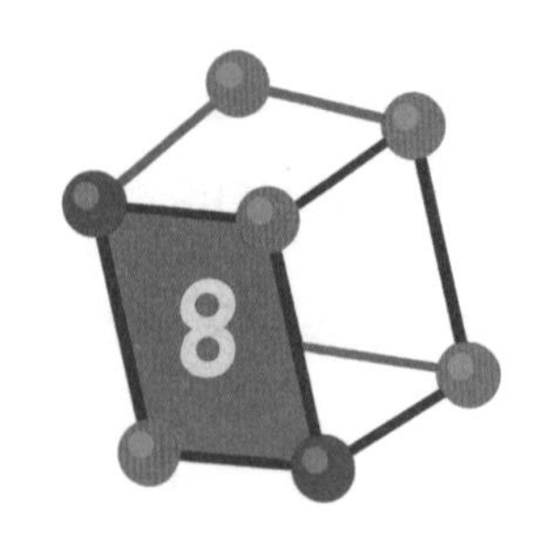

轻者上浮，浊者下沉

今天的地球经过了数十亿年的地质演化，和它刚刚聚集成团时的形状和结构相比，已经有了很大的变化。但我们还是可以通过各种蛛丝马迹判断地球内部的结构，甚至了解它的组成。地质学家最早是通过地震波在地下传播的性质变化，确定了地球的基本结构。正如我们在上一节中指出的那样，它像一个放大版的鸡蛋：最外面是坚硬的“蛋壳”，中间是黏稠而有流动性的“蛋白”，最里面是致密的“蛋黄”。

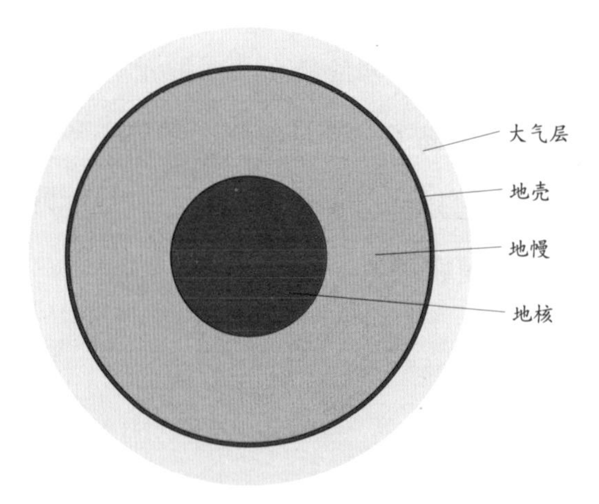

地球结构（概念图）

地球的“蛋壳”被称为地壳，它的结构和性质都和真正的蛋壳相似。地壳的厚度大约是一万到两万米，而地球的平均半径是这一厚度的数百倍，因此地壳和蛋壳一样，都是薄薄地覆盖在内部物质之上。地壳的主要组成成分就是上一节中提到的硅元素和铝元素同氧元素组成的各种化合物，我们随处可见的大多数天然岩石和土壤都是由它们组成的。

以硅元素为例，每个硅原子周围可以结合四个氧原子，形成一个小的正四面体结构，称之为硅氧四面体。而上述每个氧原子又可以接着连接下一个硅原子，这样就可以无限延伸下去，构成各种各样的岩石、砂粒和晶体结构了。

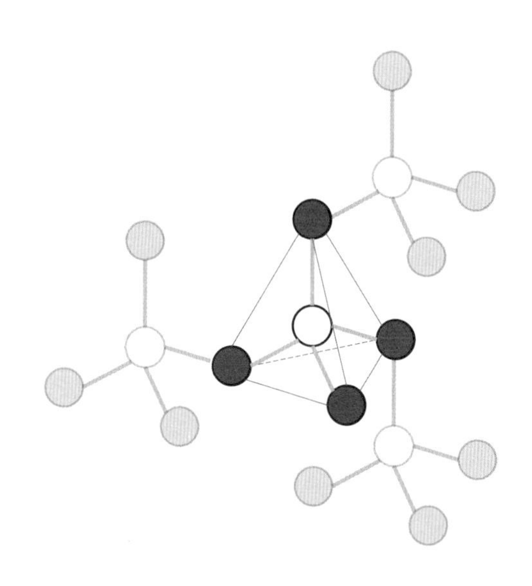

简化的硅氧四面体结构，红色是氧原子，白色是硅原子

地球的地壳不是完整的，而是分裂成几个大的板块。这些板块就像冰河中漂浮的冰山一样，浮在温度很高、可以流动的地幔上面。

地幔中不仅有氧、硅、铝等比较轻的元素，还有较多的金属元素和其他重元素，它的密度往往比地壳大。但由于处在地下压力很大、温度也很高的环境中，地幔中的绝大多数矿物质都已经融化成了岩浆。今天我们在地表上观察到的各种火山喷发，其原因都是地幔物质从地壳的缝隙中“泄漏”了出来。

由于地幔是近似融化的状态，地幔中的各种物质也在不断地流动，不同密度、不同性质的矿物质会随着地幔物质的流动而在地球的不同结构层次之间迁移。有时候是地幔活动把地球深处的重元素带到了地壳中甚至地面上，形成了各种矿脉；有时候则是地壳底层的岩石基底被高温的地幔熔化、吞没，并进一步下沉到地球深处。价值连城的金刚石，就常常伴随地幔中金伯利岩的上升而被带到地壳中，进一步被人们开采出来。

地球最深处的“蛋黄”是一个以铁元素等重元素为主构成的地核。地核中的物质和地幔有所不同，由于深达地底，压力更大，它们的密度更高，同时又有着很高的温度，因此也处在不断地运动之中。地球的地磁场就来自地核中以铁元素为主的磁性物质，地磁场的运动可能就反映了地核中这些元素的分布和运动状况。

中国传统神话中，创世之神盘古死后，清气上升为天，浊气下降为地。巧合的是，地球的演化过程也经过了类似的轻者上浮、浊者下沉。等到地核渐渐冷却，地壳逐渐凝固起来，地球这个生命的摇篮便逐步形成了。

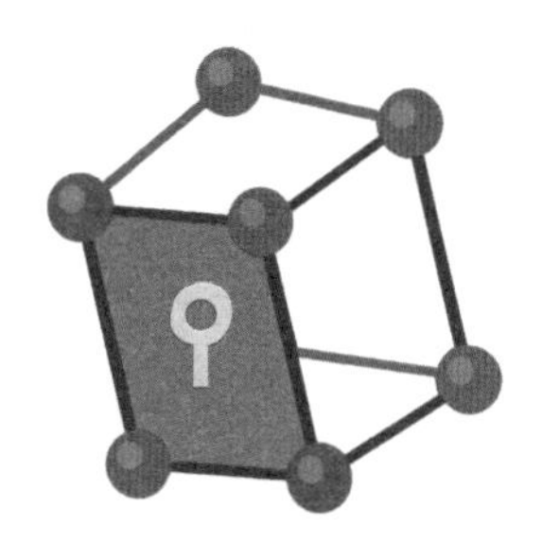

温热的浓汤

在地壳形成之后，地球表面最具特色的形貌就是海洋。在太阳系的所有行星和卫星当中，地球是唯一一颗表面有着液态水覆盖，并且液态水的覆盖面积超过71%的星球。这样的汪洋大海为地球诞生生命提供了不可或缺的条件，也使地球成为我们迄今为止知道的宇宙中唯一一颗能够孕育生命的星球。

为什么液态水如此重要？这与水本身的性质有着密不可分的关系。

在前面我们已经指出，水是由氢元素和氧元素组成的。每一个水分子里有两个氢原子和一个氧原子，化学家们一般把它简写成H_2O，其中，H是氢元素的元素符号，O是氧元素的元素符号，下标2代表氢原子在水分子中的个数。水分子的形状像一个伸出手臂的胖娃娃，中间的氧原子是胖娃娃的脑袋和身体，两个氢原子则是两边伸出去的手臂。

既然说是手臂，那就可以具有一些连接功能。两个水分子之间可以通过一条手臂连接起来，即两个氧原子中间夹着一个氢原子。

化学家管这种结构叫作氢键，不过我们在这里不作深入的讨论。事实上，正是由于水分子中具有这种特殊的连接，才使得它有着各种各样奇特的宏观特性。

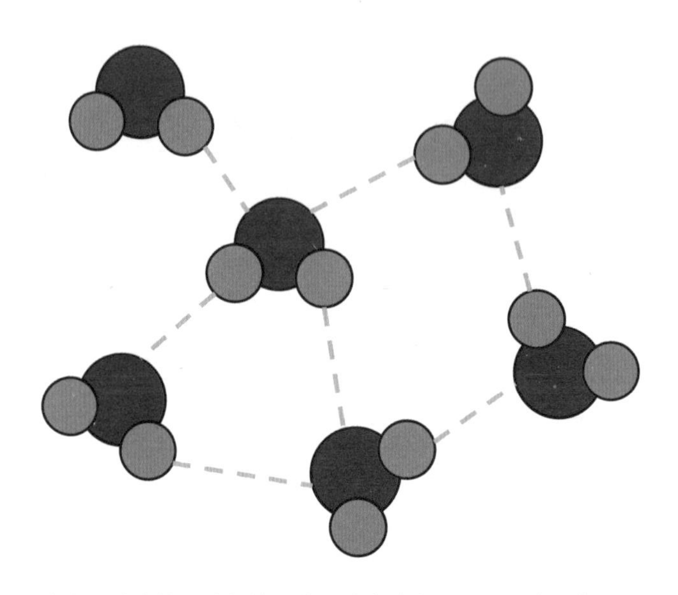

水分子的结构及其氢键网络，蓝色为氢原子，红色为氧原子

首先，具有这种结构的水可以溶解绝大多数的活性分子。水分子的手臂不仅可以连接彼此，也可以把它和那些具有一定电性的粒子连接起来，我们日常生活中使用的盐、糖、酒、醋，都是溶解在水中才能发挥它们最大的作用。实际上，就连我们的身体都是由大量的水分子组成的：我们的血液、汗液、泪液、消化液等都是水溶液，肌肉和脂肪中间也都填充着大量的水分。可以说，正是因为水才形成了我们多姿多彩的生物世界。

更有趣的一点是，这种结构的水使那些不能溶解在水中的物质，也可以组装成一些神奇的结构。大家一定都看过漂浮在菜汤上面的油滴吧，油滴的分子头部可以溶解在水里，但是它的尾巴却不能溶解。由此它就形成了一种奇特的结构：头部插在水里而尾巴暴露在水面上，从而形成了一层薄膜。如果把两层这样的薄膜反着组装起来，那么就形成了外面的部分能溶解在水中，而里面的部分不能溶解在水中的“双层”膜结构。双层膜结构的里层和外层都可以是水溶液，这就可以在水里形成一个封闭的“泡泡”，把膜内外的世界分隔开。这正是我们生物最基本的组成单元——细胞的基本结构。

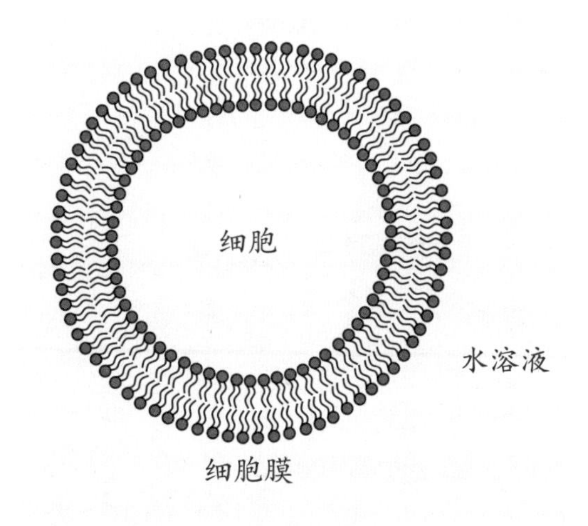

细胞的基本结构

此外我们还要提到，水独特的凝固点和沸点的范围不仅恰好适合地球表面的温度，而且具有一种罕见的性质：固体的水——也就是冰——要比液体的水轻。这一点对于原始的大海形成生命是非常重要的条件。假如冰比水还要重，那么在寒冷的冬天，大海就会首先在表面结冰，然后表面的冰会沉到海底，剩下表面的水继续结成冰，沉到海底。这样周而复始，很快整个海洋都会被冻成一整个大冰块，任何生物也没法在这样的固体冰中长期生存下去。但非常巧合的是，冰比水要轻。在大海结冰的时候，冰块不是沉下去而是浮在水面上。这就像给大海穿了一个盔甲，使冰层下面的水得到了保温，不至于全部冻上。我们今天在北极看到的北极熊和海豹在冰下捕鱼，便是这种性质生动的体现。

溶解了各种矿物质同时又允许它们组合成各种结构的水溶液，在冰层的保护下可以长期处于液态，成为一锅温热的浓汤。这锅浓汤，将孕育出宇宙中独一无二的生命。

冰面上的北极熊

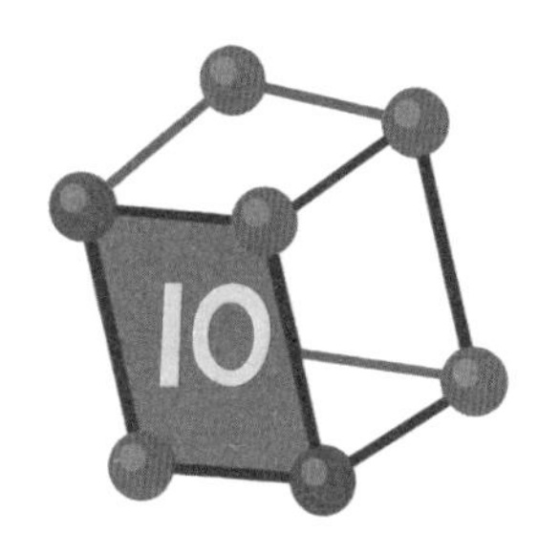

铁和硫

大海——这锅浓汤——所溶解的物质中，最引人注目、后来在生命起源中扮演了重要作用的元素，可能就是铁和硫。

如果大家还记得的话，铁元素（元素符号 Fe，来自拉丁文 ferrum）在之前已经提到过，是恒星核聚变形成新元素中最稳定的元素，同时也是地球地核里的主要成分之一。实际上，在地壳中它的含量仅次于氧元素、硅元素和铝元素，居第四位。丰富的含量使铁元素具备了千变万化的基本条件。

而铁元素自身的性质也使它能够担负起重要的功能。我们之前曾经提到，氧元素能与很多不同的元素形成特定的物质：和硅元素形成石英，那是大地的主要组成成分；和氢元素组成水，那是海洋的主要成分。但是上面这些物质，其中硅元素或氢元素与氧元素的配比都是固定的：一个氧原子只能结合两个氢原子，一个硅原子也只能结合两个氧原子。这样组成的物质虽然非常稳定，可以构成整个世界的基本骨架，但是它们缺少变化的空间。而生命活动最重要的特征之一就是变化，需要在变化中不断地调整和改变自身。这种固定配比的化合物，显然不能成为生命活动的主角。

相比之下，铁元素就灵活多了。它与氧元素可以形成一个铁原子和一个氧原子的氧化亚铁 FeO（绿釉的瓷器就是因为它才呈现绿色），也可以形成两个铁原子和三个氧原子的氧化铁 Fe_2O_3（我们熟知的铁锈），甚至还可以把氧化铁和氧化亚铁按照任意的比例组合起来，例如把它们按照 1∶1 的比例配合起来，就得到了三个铁原子和四个氧原子组成的四氧化三铁 Fe_3O_4（常见的黑磁铁）。

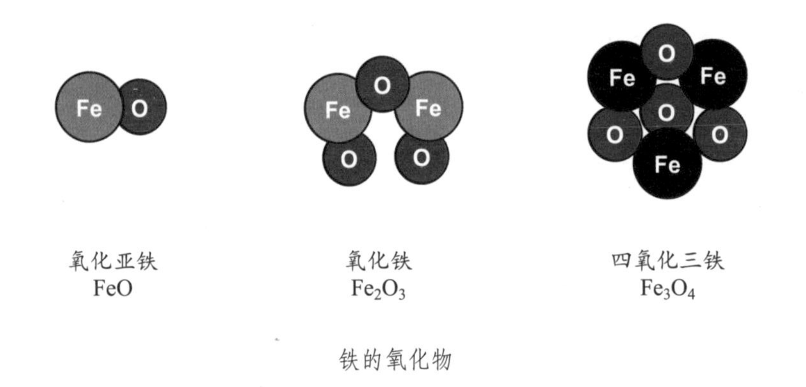

铁的氧化物

上述这些物质既可以以大块晶体的形式存在，也可以以小块的原子或者是几个原子构成的原子“簇”的形式存在。在空气中的氧气比例不同的情况下，它们还能发生相互转换：氧气多的时候，氧原子便挤到氧化亚铁中，得到氧化铁（它相当于两个氧化铁 FeO 加上一个氧原子 O）；氧气少的时候，氧化铁又会把氧原子给别的更希望和氧原子结合的原子，自己变成氧化亚铁。这个过程正是我们每天呼吸氧气后，身体里的每个细胞都在发生的一个过程的雏形。

但是仅有铁元素还不足以支撑这个结构稳定地存在，尤其是不足以让这样的结构在水溶液中存在。我们前面提到的各种铁的氧化物在常见的状态下都是固体，而那样大块的固体是很难完成精细的生命活动的，也不可能组装成更复杂的结构。这时候我们的另一个重要元素——硫，便要出场了。

硫（元素符号 S，来自拉丁文“硫黄”Sulfur）是一种与氧元素的性质非常相似的元素。它也能和氢元素、碳元素、铁元素等元素形成化合物，并且配比与氧元素相同。不过硫元素与氧元素也有一些明显的不同，这些不同使它在生命活动中更具优势。首先硫元素自身是固体，大家熟悉的火柴头，其中就含有硫黄的成分。与常温下是气体的氧元素相比，硫元素更能参与海洋深处的生命化学过程。

另一个引人注目的特点是硫原子自己可以手拉手连接起来，形成很长的硫原子“链”，并且可以和其他元素原子在其中发生复杂的连接，如铁元素。这样形成的铁和硫的复合物，可以以多种多样的形式存在于水溶液中，不再以氧化铁那种晶体的形式存在于固体中了。

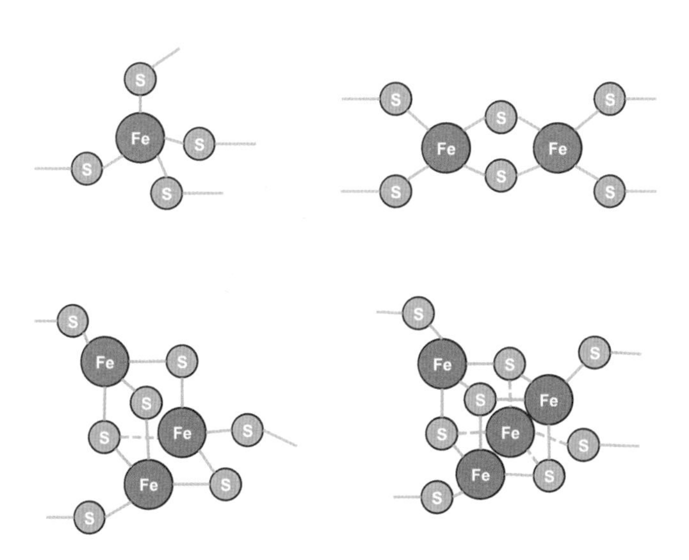

各种各样的铁—硫簇合物

接下来我们将看到，正是这样一些水溶液中的铁—硫簇合物，成了生命起源初期最重要的能量来源。

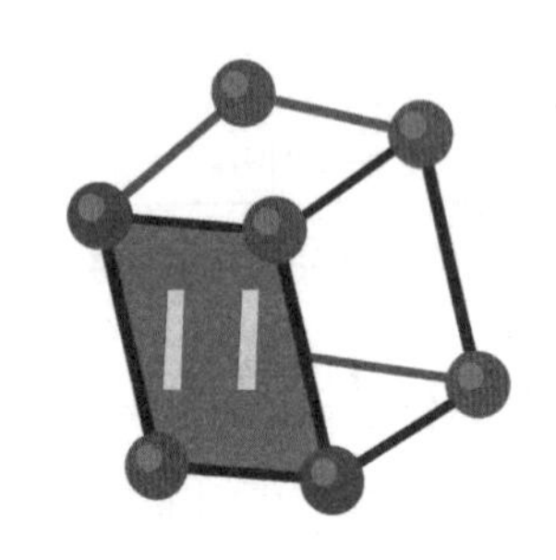

水火相济出奇迹

原始地球形成初期的温度可能非常高，但随着岩浆冷却、地壳硬化，地球的温度也逐渐降低。在地球表面凝结的水蒸气，构成了地壳上覆盖面积巨大的海洋。我们前面已经介绍了，海洋实际上是一锅温热的浓汤，孕育着生命起源的可能性。而推动这些可能的物质组合成生命的重要工具，便是“火”。

读到这里，你或许会感到很惊奇，明明是海，为什么会有火呢？答案隐藏在地球的结构当中。我们已经知道地壳是由薄薄的一层硅酸盐岩石组成的。但是这层薄薄的壳的厚度并不完全一样。今天我们在大地上看到高耸的山峰、平坦的平原，便是不同地壳厚度的体现。这么相比，海洋自然是地壳更薄的地方，因为那里比陆地上的所有地方都要低。事实上，地球上最深的马里亚纳海沟与最高

大洋中的火山喷发

的珠穆朗玛峰相差约 19 千米，相当于 6000 层楼那么高。

在地壳这么薄的地方自然就会遇到一个问题，如果这时候地壳上有裂缝，那么地幔里的岩浆很容易就会涌出来，这和陆地上的火山成因是一样的。所以今天我们在大洋底部能看到很多活火山。它们的活跃程度甚至比陆地上的火山还要厉害，因为那里的地壳更薄，地质活动更剧烈。

在生命演化过程中，最重要的基础条件是物质和能量，由这二者相互组合形成了生命传递信息的系统。海洋中溶解的各种有机物质，以及火山口附近喷发出来的地球深处的微量元素，为孕育生命提供了基本的物质条件。而火山口附近的温度又为生命的诞生提供了能量条件。

在地球初始阶段，海洋表层和大陆的环境温度有时很低，光照也未必充足。这些地方要想形成生命系统，可能需要花更长的时间。而海底火山口附近的温度可以高达两三百摄氏度。各种物质在这附近迅速地分解转化，这就为它们组合成具有生命活动的特征分子提供了基本条件。今天的科学家们在海底的火山口附近搜集到的生物样本，具有地球上最古老的那些生命的特征（它们被称为古细菌），这进一步说明水火相济是诞生生命奇迹的必要条件。

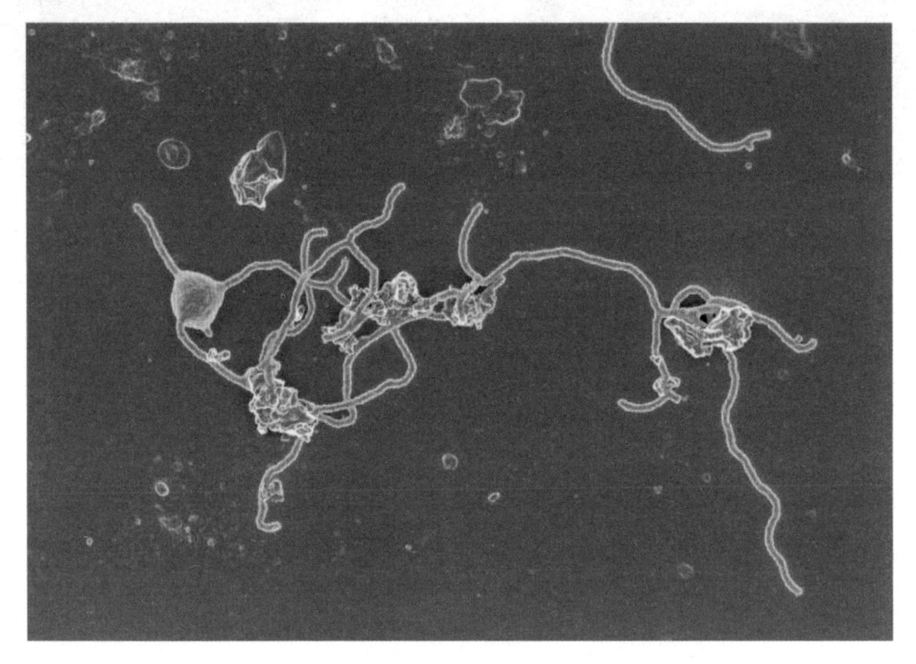

2021 年科学家培养得到的古细菌在显微镜下的照片

三

生命来自海洋

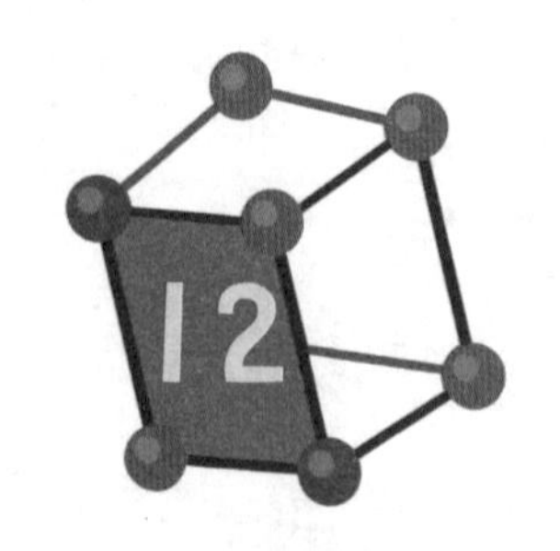

碳：中心原子

在形成生命的过程中，最重要的元素是碳元素（元素符号C）。

之前我们已经提到过碳元素在恒星合成的过程中，是通过“3氦过程”的方式，即由三个氦原子聚合而成的，因此它是一个有六个质子的原子。由于“3氦过程”是元素合成的基础过程之一，因此碳元素的相对丰度也很高，在宇宙中广泛存在。而更重要的是，碳元素的化学性质非常特殊，这赋予了它成为生命的中心原子的本质条件。

和硅原子非常相似，碳原子也能和周围四个原子一起组合成复杂的物质。而在这方面，它比硅要更加复杂也更加重要的原因是，硅往往只能和氧形成较为复杂的化合物，而碳几乎能与我们已知的所有化学元素都形成稳定的化学物质。这一点在我们已知的元素中是绝无仅有的。科学家发现和创造的所有化学物质中，碳元素相关的化学物质占了绝大多数。

构成生命的碳元素是通过复杂的碳原子链组成了生物相关分子的重要骨架。我们知道生命的呼吸、代谢、合成等过程需要一些特殊分子结构的存在，例如在前面一节我们提到的铁—硫簇合物，就在与氧气相关的转化过程中发挥着非常重要的作用。但是它们并不能稳定地存在于水溶液中，也很难完成有序的组装和复制。大自然并不像人类社会那样，有严密的工厂可以加工出这样的化学物质，要想演化出生命，必须给这些物质或结构营造一个适合它们繁衍和生长的微环境。碳原子骨架恰恰完成了这个功能。

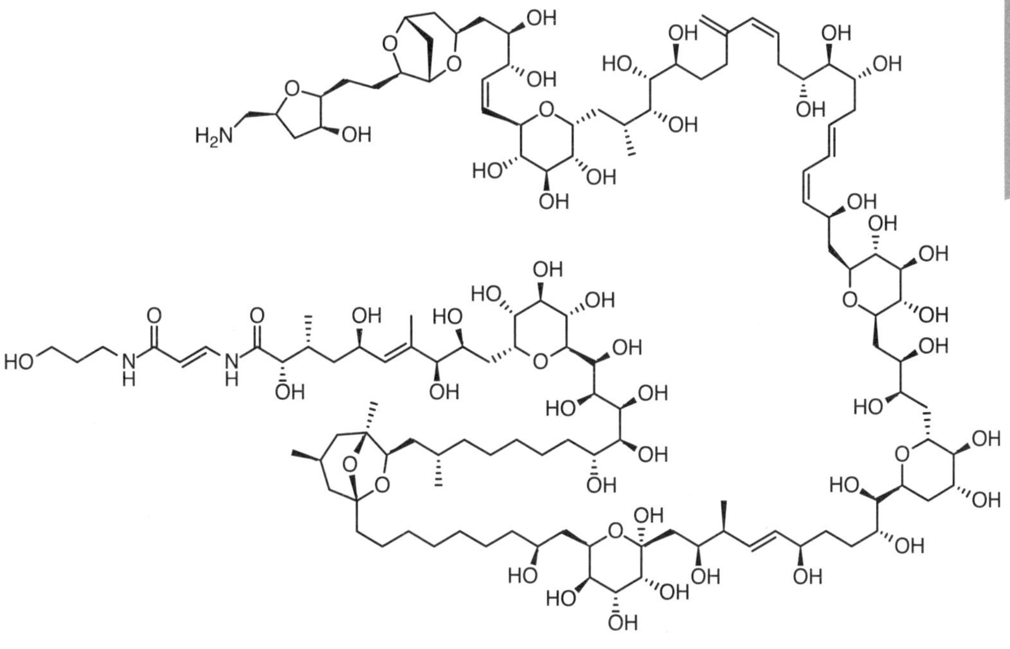

天然产物海葵毒素中的碳原子骨架（图中实线）

前文提到，一个碳原子可以和周围四个原子一起组合成新的物质。如果这四个原子里有一个是碳原子，那么这条链就可以继续连接下去。当然如果有更多的碳原子连接，那么就会不仅形成链状，还可以是网状甚至立体的复杂结构。更重要的是，如果考虑到碳原子还可以和其他不同元素的原子相结合，比如最常见的氢原子、氧原子和氮原子，那么就会大大增加这一类化学物质的复杂性和多样性。事实上，通过这种方式组合出来的物质种类数量是极其庞大的，我们地球上的主要生命形式也正是由这样一些物质组成，你我的身体也不例外。

除了这一方面，碳原子所组成的化合物还有另一种非常独特的性质。我们试想像硅原子和氧原子那样，以很牢固的连接方式组合起来，就会造成这样的物质非常“坚固”。大家都有这样的日常生活体验：沙滩上的沙子，既不会溶解在水里，也不会熔化在火里，经风吹雨打，也不会发生质的变化。这就是硅氧化合物的特点。但是碳元素所组成的那些化合物并不是这样。碳原子与碳原子之间的连接、碳原子与其他原子之间的连接，它们的强度正好处在一个非常微妙的区间：既不会弱到没办法让整个物质组合起来，仍然具有一定的“坚韧性”，又可以在可控的条件下发生变化和重组。这恰恰就是生命物质的另一个特征：能够不断适应环境的变化，进行代谢和生长。

有了这样的基本构架，生命的诞生才成为可能。下面我们看一看，在大海这样温热的浓汤中，生命是如何慢慢产生的。

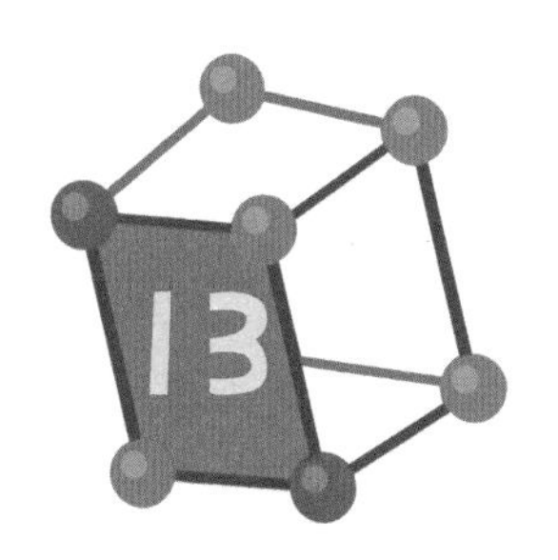

物质与空间

早期的地球环境是怎样产生精巧复杂的生命物质的，一直是一个争论不休的科学难题。直到 20 世纪上半叶，科学家仍然不清楚原始地球的矿物环境是如何产生复杂的碳骨架的。这甚至造成了当时一种流行的观点，认为地球的生命并非来自自身，而是来自外星生命的馈赠，比如陨石坠落带来的生命物质或其他外星生物的遗留。这种观点非常容易滑入“神创论”的深渊，因为对科学家来说，这是一种相当危险的假设。

1953 年，芝加哥大学的米勒和加利福尼亚大学圣地亚哥分校的尤里合作完成了一个非常重要的实验，成为后来生命起源问题研究的里程碑，一般被简称为米勒实验或米勒—尤里实验。米勒的思路是，在一个封闭的玻璃容器里，装入符合原始地球物质比例的水、空气和矿物原料，通过电击和高温加热的方法模拟原始地球的气候条件，观察这些物质在相应条件下的变化。结果他发现，在高温和电击的条件下，以碳原子为核心骨架的分子会自发形成，实验进行一星期后，几乎可以在瓶中找到所有现代生命中出现过的重要分子。

米勒的实验成功地说明了，地球的生命起源完全可以来自自身，并且是产生在大海和高温雷电条件下。

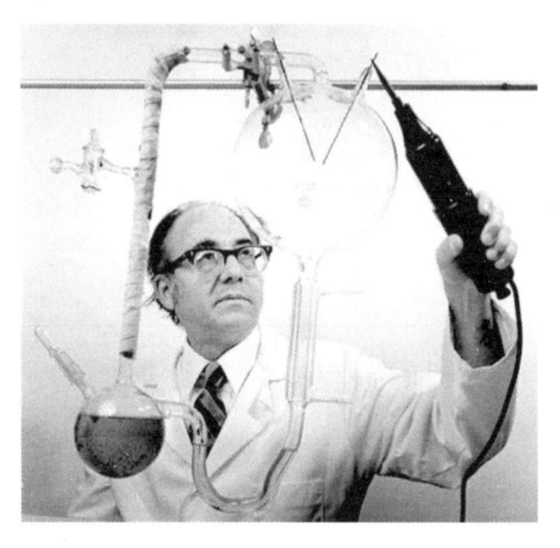

正在实验的米勒，他手持的是在玻璃瓶中释放电火花的放电器

不过，光有物质还不够。要知道在原始大海这锅温热的浓汤中，所有的物质都是无序地溶解在水中，如果没有一个固定的空间，让它们之间发生相互联系，也没办法组装出生命这样精巧而细致的系统。

但要想形成这样一个空间又谈何容易！我们来替大自然试想一下它所面临的难题：一方面，这个空间要非常小，小到可以容纳少量的活性分子在其中发挥相互作用，而不能是一个包罗万象的大池子，否则生命活动的有序性就得不到保证；另一方面，这个空间又要具有相当的活性，既能把生命活动的空间和外面复杂的世界分隔开，又能在必要的时候进行变形、重组和再生。打个比方说，硬的木头盒子不行，软的布袋子也不行，必须是可大可小、可胖可瘦、可伸可缩、可散可聚的神奇结构。

上哪儿去寻找这种神奇的结构呢？真正给大自然灵感的，还是水溶液。前面我们提到，水中溶解的分子具有很多不同的特性，其中有一大类，我们称之为两亲性分子，比方说油滴的基本结构油脂分子就是如此。它们可以在水中自发地形成很多复杂的膜状和泡状结构，如前所述，这些膜状和泡状结构就具有非常丰富的变形功能，并且可以在一定程度上为生命活动所调节。而由碳原子形成骨架的一系列分子，就可以很方便地具有两亲性分子的特点。这是由于碳原子和氢原子组成的结构往往不喜欢溶解在水溶液中，而碳原子与氮原子或氧原子组成的结构则往往更容易溶解在水溶液中。如果一个分子一头是碳原子和氢原子为主的结构，另一头是碳原子和氮原子或氧原子为主的结构，那么就很容易形成一个两亲性分子。后面我们将看到，在真正的生命活动中发挥这一作用的主要是磷脂。

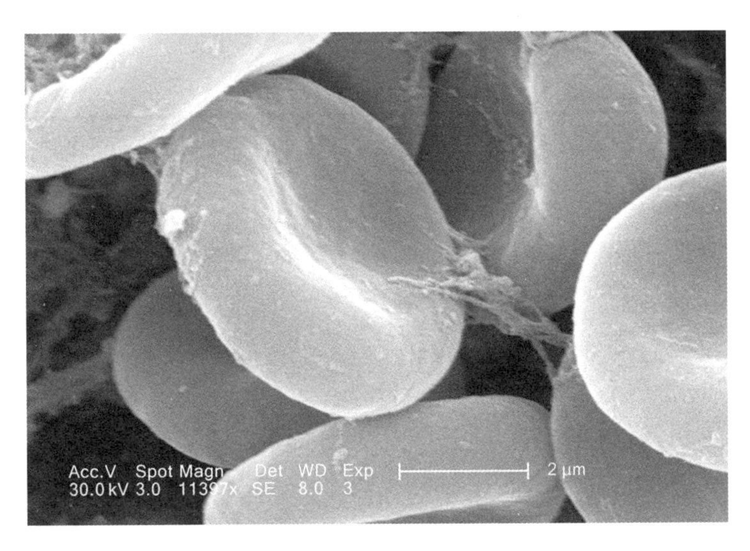

人体血液中红细胞的显微镜照片

有了物质、空间，接下来生命活动最重要的过程即将登场。

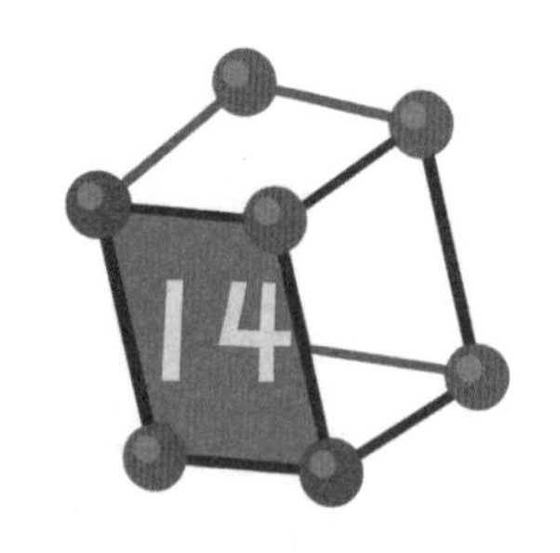

识别、通信和组装

如果说生命是一场华丽的盛宴，那么这场盛宴中最重要的部分便是生命信息和物质的传递。“龙生龙，凤生凤，老鼠的儿子会打洞。”朴素的谚语道出的是生命的真谛，这过程便是大家耳熟能详的“遗传”。

但是最原始的生命是靠什么开始这一场遗传之旅的呢？如果是在今天的信息时代，一个简单的复制粘贴操作就可以完成。但是在客观世界中，别说是复制粘贴，就是我们用泥巴去还原一个形象都显得那么困难。

大自然采用了一个完全不同的方法去处理这个过程。它像是编辑密码一样，把生命所需要的信息写进了一种非常独特的分子中，这种分子就是核酸。

核酸的形状像一条长长的拉链，拉链上的每一个齿都有特殊的形状和意义，就像是我们所用语言文字中的字母或汉字一样。把每个字代表的信息组合起来，连成句子，按照核酸分子的顺序读下来，就是整个生命完整的遗传密码。这也就是生命中基因的主要部分。与绝大多数生物分子一样，核酸分子也是由碳、氢、氧、氮等原子组合而成的，而其中最精妙的部分在于拉链之间的匹配与嵌合。

我们之前曾经提到水分子之间存在一种特殊的连接方式，叫作氢键，它可以让分子与分子之间通过一个氢原子建立起连接。核酸分子的“齿”之间也是通过氢键相互连接的，只不过这里的氢键是经过特殊设计的，有点像钥匙和锁的关系。特定的钥匙只能开特定的锁，换句话说，只有完全匹配的两个分子片段才能完成识别，并卡在一起，组成完整的拉链。

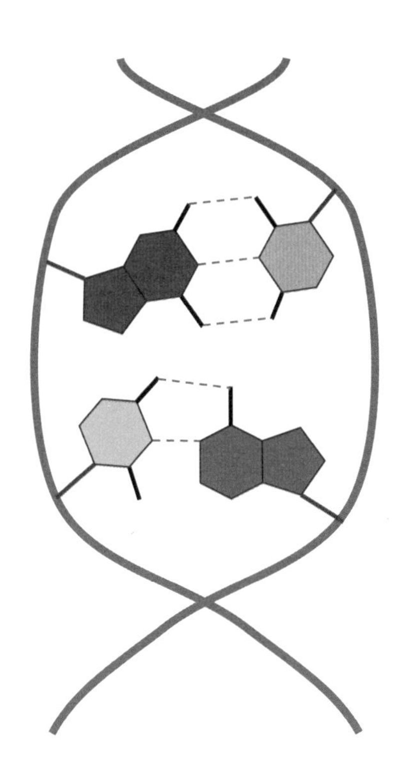

核酸分子相互配对的结构模式

上面这个过程在生命的信息传递中非常重要。它保证了三件事情的顺利进行：第一，重要的遗传信息，可以通过闭合的拉链被保护在核酸分子中，不受外界的干扰；第二，由于精准匹配的存在，可以使这样的信息在不同的体系之间完成精确的复制；第三，同样基于精确匹配，可以实现对核酸所记录信息的准确读取和翻译使用。这就是生命活动最核心的秘密。

事实上，不仅在核酸分子中存在精确的分子组装和匹配的现象，所有与生命活动相关的化学物质，都具有不同程度的识别、组装和匹配的过程。当然，在具体的机制上有些和前面我们提到的氢键类似，有些则是基于一些其他的相互作用。科学家们常常打这样的比方：有些分子之间的识别，像锁和钥匙的关系，彼此已经确定了各自的形状，只要完全符合就完成了识别；有些分子之间的识别，像鞋和脚的关系，需要不断地试探，才能找到最适合自己的那双鞋；有些分子之间的识别，则像布口袋和大米的关系，彼此的形状并不完全确定，但是在装配的过程中，自然找到了一个适合双方的形状。

我们知道，组成生命的最基本单位是分子和原子。但相对于生命体的体积而言，它们终究是太小了。让没有生命的分子组装成具有生命的机器，就必须依靠我们刚才提到的精确识别、通信和组装的过程。也正是在这样的过程中，生命得以产生它自己独特的活动方式，并最终造就地球上独一无二的智慧生物。

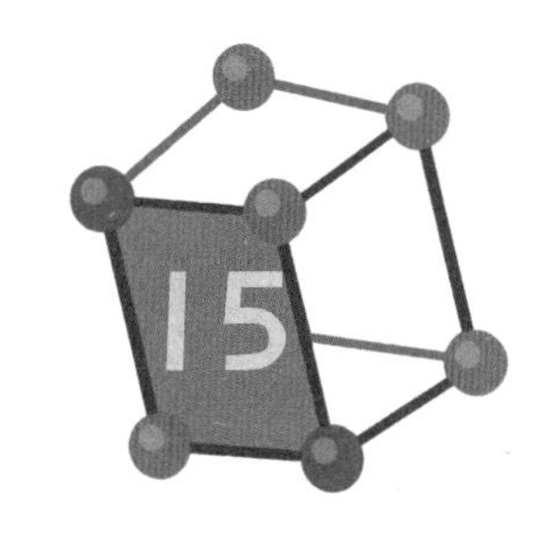

大自然选择了磷

生命一方面异常顽强，另一方面又相当脆弱。它的顽强之处体现在无论在什么样的极端条件下，都有物种和生命在不断坚持。而它的脆弱之处体现在，一旦脱离了生命所必需的那些条件，马上就会陷入灭顶之灾。在孕育生命的大海中，影响生命形成的一个非常重要的因素是酸碱程度。

我们都有这样的经验，醋尝到嘴里是酸的，茶喝到嘴里是涩的。酸来自醋中的醋酸，涩则主要来自茶水中的生物碱。生命体系对环境中的酸和碱是非常敏感的，二者的比例只要稍微偏离正常的数值，就会使生命活动发生很大的变化。这其中主要的原因是，参与生命活动的那些核心分子，例如我们之前提到的核酸，它们的结构和性质受环境中酸碱程度的调控。只有在最合适的酸碱程度下，它们才能表现出正常的性质。

一个处于稳定状态的生命系统一定需要一种策略，用来维持它所处环境中的酸碱程度在一个大体合理的水平。经过漫长的进化，大自然在这个问题上最终选择了一种特别的元素——磷。

磷（Phosphorus，拉丁文“冷光”的意思，元素符号 P）是生命活动中非常关键的一个元素，它的得名就与它在生命活动中的广泛存在有关。最古老的关于磷元素存在的证据，可能就是古代坟地中常见的“鬼火”现象，它是机体和骨骼中的磷元素分解出来散逸到空气中后发光的结果。17 世纪末，人们真正发现磷元素的时候，也正是在人体物质（尿液和骨骼）中得到了它，并以它具有发光的属性来为它命名。

为什么磷元素能够广泛地存在于生物体中？因为它最主要的功能就是以磷酸基团的形式存在于生命活动和生物分子的结构中。前

《寻找哲人石的炼金术士发现了磷》（1771 年约瑟夫·怀特所作，局部）

面我们提到，一个稳定状态的生命系统，一定要有一种策略来维持它所处环境中的酸碱程度。而磷原子和氧原子结合形成的磷酸基团就具有这样的能力。一个磷原子可以结合四个氧原子，而这四个氧原子又有三个还可以再结合一个质子，这就是磷酸基团的基本组成。

在水溶液中，氧原子和质子之间的连接不是那么稳定，可以被打破。而水溶液中的酸碱程度正是由质子造成的。游离的质子多，溶液的酸性就强；游离的质子少，溶液的酸性就弱。通过磷酸基团上质子动态的结合与解离，就可以调控所在环境中的酸碱程度。如果环境酸性过强，磷酸基团就会更多地结合质子，以减弱溶液中的酸性。反过来，如果环境中的碱性过强，磷酸基团就会主动地解离质子，从而增强溶液中的酸性。

有了这样的性质，磷酸基团就可以在生命体系中发挥酸碱程度平衡器的作用。不仅如此，磷酸基团上的氧原子还可以和碳原子相结合，连接到重要的生物分子的骨架上。这时候磷酸就不仅发挥酸碱调节器的作用，还可以帮助稳定生物分子的骨架与结构。进一步在生物分子上不同位点结合不同数量的磷酸基团，并且对它们进行动态调控，还能完成信号的发布、识别和转移，参与更加高级的生命化学过程。可以说，生命体中大部分重要的化学过程都离不开磷元素的参与。

正因如此，科学家们才认为是大自然选择了磷。甚至有科学家认为，磷元素参与的一些重要化学进程才是生命的起源。当然，不管这些猜想是否属实，磷元素在生命化学中所扮演的重要地位是不可替代的。

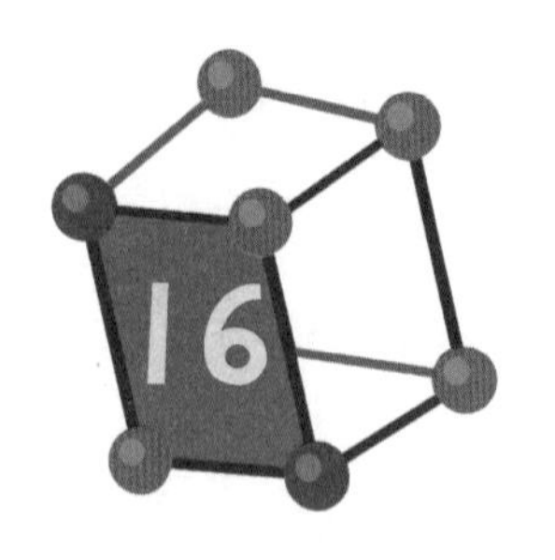

第一个细胞

有了构建生命所需要的外在条件，又建立了必要的信息传递机制，一个真正的生物系统已经呼之欲出了。今天我们知道所有的生物都基于细胞而生存，即使那些没有细胞结构的生物，比如病毒，也不得不依靠有细胞的生物才能生存和繁衍。细胞的出现，是整个地球演化史上的一件大事。

我们已经无从确知第一个细胞到底诞生于何时，只能根据一些间接证据估计，大约在地球诞生 10 亿年之后。从那时起，生命的形态发生了翻天覆地的变化，但是它的基本组成形式始终没有大的改变。细胞一直作为生命最基础的组成单元存在着。

一个细胞，就好像一个鸡蛋，它的结构包括最外边包裹整个细胞的细胞膜、装满生命物质和水溶液的细胞质以及细胞中央的细胞核。正如我们前面已经铺垫过的那样，细胞膜就是一个维持生命微环境的空间边界，它的主要成分是磷脂。顾名思义，磷脂就是含有磷元素的油脂物质，它是在我们日常生活中的油脂分子的基础上，连接上了磷酸基团和生物碱。相对于普通油脂分子而言，磷脂分子排列的结构更规整，根据它们连接的磷酸基团与生物碱的不同，其性质也会有微妙的差别。这些差别构成了调节细胞膜的软硬程度、流动程度和变化程度的物质基础。

不仅是细胞膜，在细胞膜内包裹的细胞质中也广泛存在以磷脂为基础构筑出的结构。就好像一个结构复杂的工厂，细胞内部也有不同的区域，分别负责不同的功能。而这些区域之间也需要一定的分割，区域内部也需要有自己的脚手架和桌椅板凳来供活性生物分子进行工作。所有这些结构都是不断变化、动态产生和消失的结构，因此也必须由磷脂分子这样的“软”物质来构成。

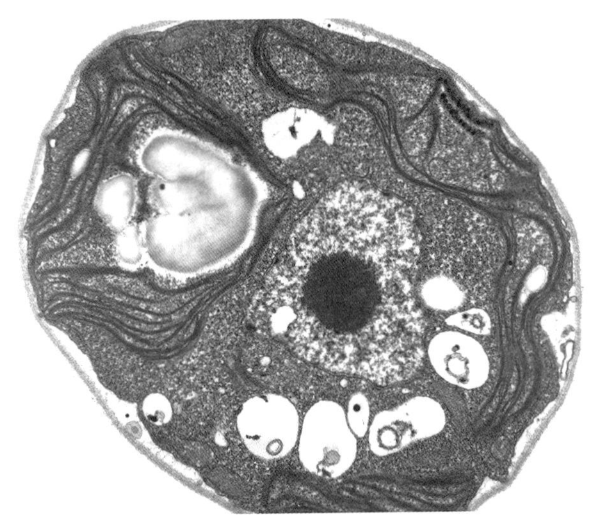

细胞的透射电子显微镜照片，可以看出细胞内部的复杂结构

前面我们已经把整个细胞比作一个鸡蛋，细胞膜之下的细胞质，就像是鸡蛋的蛋白。在细胞质中发挥主要活动功能的分子，是一类被科学家称为蛋白质的分子。蛋白质的基本结构叫作氨基

酸，味精的主要成分就是一种氨基酸。氨基酸的结构大同小异，中间是碳原子和氢原子构成的骨架，一头是碳原子与氧原子组合成的酸根基团，另一头是氮原子与氢原子组合成的氨基（氨基酸也正是由此得名）。不同种类的氨基酸按照特定的结构排列起来，进行连接，就组成了各种各样的蛋白质。蛋白质是生命过程的主要参与者，前面提到的核酸信息的复制、翻译和传播，细胞中各个结构的形成，以及细胞的能量来源和废物排出，全都需要蛋白质来完成。

细胞的中间是包裹着核酸的细胞核。有些细胞的细胞核有完整的膜结构，是一个“真正的”核。有些细胞的细胞核，并没有完整的结构，只是有一个区域里核酸比较集中。科学家把前者称为真核细胞，后者称为原核细胞。由于包裹着核酸，细胞核是整个细胞发号施令的所在，也是生命遗传信息保存和传递的中心。

说了这么多，整个细胞必须在水环境中才能生存。细胞膜需要水才能形成，这是两亲性分子自身的特点决定的。细胞质中的种种生命活动，也必须靠水溶液来完成物质传递。这也正是原始大海能孕育生命的主要原因。

但是生物不能总待在海里，它还要走上陆地，未来还要飞向天空。新一轮的奇妙探险即将开始。

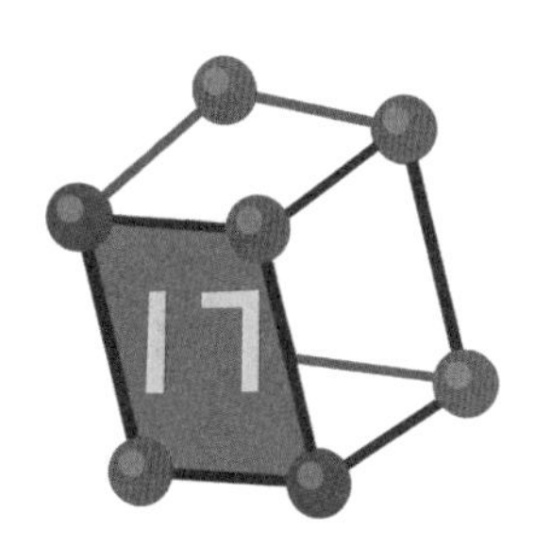

呼吸和氧气

作为高等生物的我们每时每刻都在呼吸，我们身边的所有生物都不例外。呼吸为我们提供能量来源，让我们的生命可以持续下去。事实上，呼吸作为生命活动的最根本形式之一，早在生命诞生之初，就已经存在于细胞中。当然，细胞不可能像我们一样张嘴呼气，在原始大海中的古代细胞就更不可能了。它们与周围环境中溶解的气体发生交换，这气体就是氧气。

我们已经不止一次地与氧元素打交道了。在地球环境中，氧元素是非常重要的组成部分。由于它独特的化学性质，氧元素几乎能与我们已知的所有元素形成稳定的化合物。对于生命过程而言，更加重要的是，氧气与碳水化合物的化学变化过程，会给细胞和生命提供必要的能量来源。这也是地球生命进化选择的结果。

碳水化合物指的是一类只含有碳原子、氢原子和氧原子三种原子的物质，一般其中的碳原子和氧原子的个数相同，而氢原子的数量是它们的两倍。我们知道，两个氢原子和一个氧原子便能构成一个水分子。因此，在碳水化合物中，氢原子和氧原子的比例与水分子中氢原子和氧原子的比例是相同的。这也是它们被称为碳水化合物的原因之一：碳原子加上按照水分子比例组合起来的氢原子和氧原子。在日常生活中，几乎所有食物都含有碳水化合物。大米、小麦、白糖、面包、膳食纤维、蔬菜等，它们全都是以碳水化合物为主的食物。

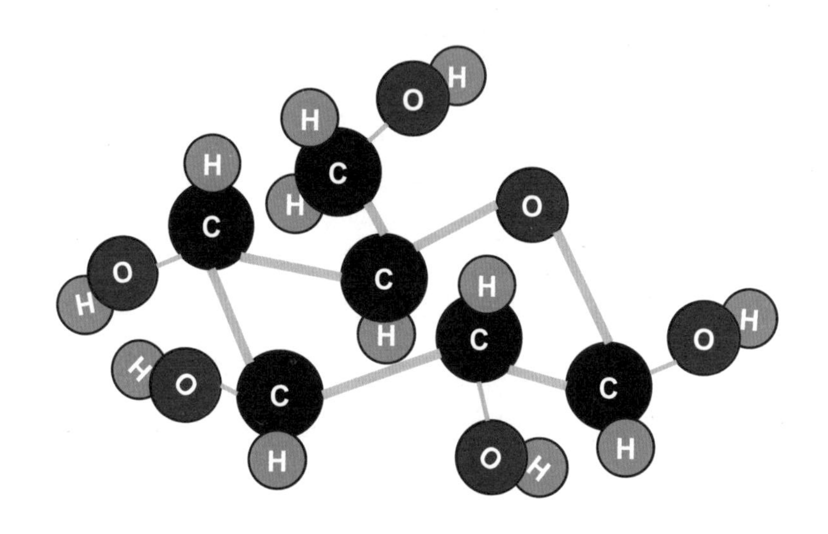

葡萄糖分子中的原子组成

而氧气正是把碳水化合物转变成能量来源的关键。在细胞中，这一过程是以非常精妙的一系列机制组合起来的。首先是利用一系列蛋白质，把长长的碳水化合物链条逐步切割成短小的片段，最短的只含有两个碳原子，最后变成二氧化碳。在这一过程中，碳水化合物中携带的电子经过一系列的传递，最终转移到几种铁—硫簇合物上。前面已经提到过铁和硫构成的一系列簇合物，可以很好地与氧分子发生相互作用。通过铁的氧化过程，这些簇合物上所累积的电子被氧原子带走，同时释放出巨大的能量。这些能量来源就成了细胞中的动力工厂和发电机。而离开的氧原子则结合氢离子，形成水分子。因此整个过程可以写成下面的形式：

碳水化合物 ＋ 氧气 ⇒ 二氧化碳 ＋ 水

上述过程中产生的能量一般存放在哪里呢？细胞中的生命活动非常精打细算，绝不会轻易浪费一点能量。生命采取的办法非常巧妙：先用一种特定的分子，像公交卡一样，把能量存到这种分子里。然后在需要使用能量的地方，再把这种分子打开，从而释放能量。而这种特殊的分子，就是我们之前提到过的磷酸类化合物——三磷酸腺苷（adenosine triphosphate，ATP）。ATP 的分子中含有三个相互连接的磷酸基团，每两个磷酸基团之间连接的化学键都存储着巨大的能量。断开其中一根化学键，放出一个磷酸基团，就会使能量随之得以释放。反过来，在上一段的铁—硫簇合物附近发生的就是磷酸基团组合成 ATP 的过程。这就好比公交卡的使用和充值，通过这样不断地循环，细胞中每一个生命活动的角落都可以获得足够的能量。

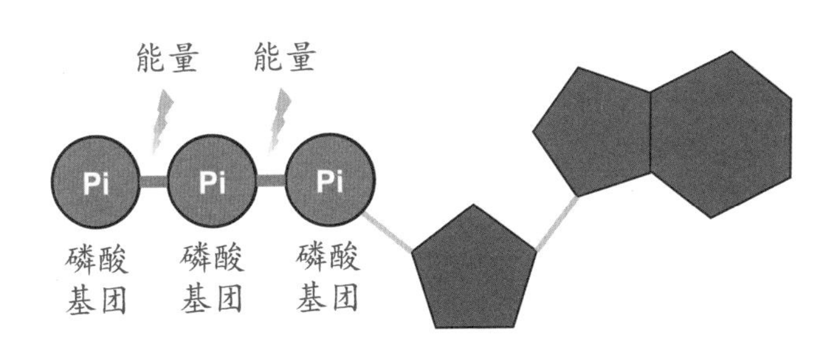

三磷酸腺苷（ATP）的结构

分析到此，似乎我们已经把细胞获得能量、维持生命活动运行的方式讲清楚了。正是氧气和碳水化合物的不断作用，才为生命活动提供了源源不断的能量。但是，碳水化合物是从何而来的呢？氧气又是真的源源不断、取之不尽吗？要回答这两个问题，我们还要进一步追根溯源。

四

生物也有决定权

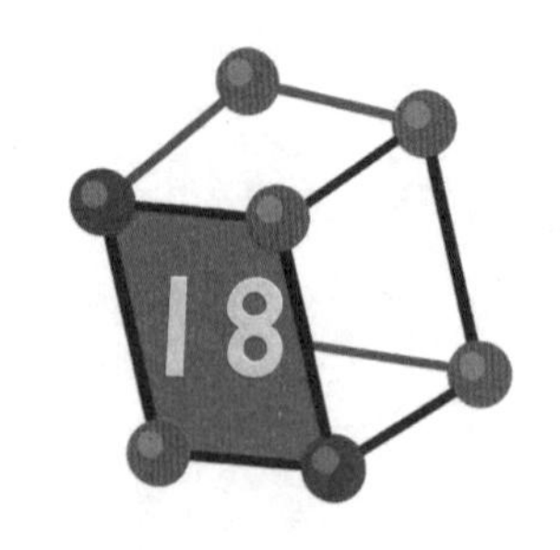

光是能量之源

今天的科学家们已经知道地球的能量来源，不是别的，正是源自太阳。

我们在前面已经介绍过，太阳上氢元素通过核聚变燃烧出的巨大能量，源源不断地输送到周围的宇宙空间中，当然也就相应地传到了地球上。太阳光中的巨大能量，被生物巧妙地利用，转换成了我们身边千姿百态的生物世界。这其中最重要的一环便是光合作用。你可能已经知道，在大自然中主要进行光合作用的便是各种绿色植物。它们以太阳光为能量来源，把空气中的二氧化碳转换成碳水化合物，从而为整个生物界提供养分。

要想完成光合作用，有几个关键步骤必不可少。首先，是如何把太阳光从空中接收进来，就像使用天线接收卫星信号那样，把它传到生物体内的细胞中。其次，是如何把太阳光的能量转换成细胞中化学反应的能量。最后，怎样通过复杂但有规律的变化过程，把二氧化碳变成碳水化合物。这每一步都离不开一些关键的化学物质。

太阳光的接收，主要靠的是大名鼎鼎的叶绿素。我们看到的所有绿色植物，它们的绿色就来源于其中含有的大量叶绿素分子。叶绿素分子的结构像一把团扇，有一个不太长的扇柄和前面的一个套环，这些都是由碳原子相互连接而成的骨架结构。在前面的套环上镶嵌着四个氮原子，它们大体上组成一个正方形，围绕着中央的镁原子（Magnesium，来自其原产地希腊城市Magnesia，中文名称属于音译，元素符号为Mg）。这个套环组成了接收太阳光的主要结构。

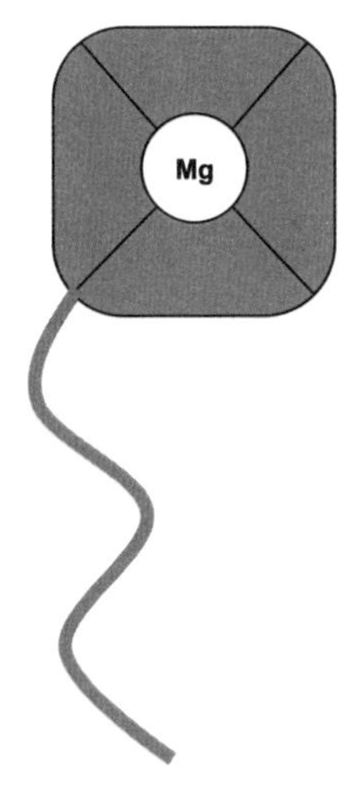

叶绿素的分子结构示意图

在植物进行光合作用的细胞里，叶绿素分子一层一层紧密地排列着，就好像摞起来的一大堆团扇。最上面的叶绿素分子被太阳光照射后，能量就被储藏到四个氮原子和一个镁原子构成的环里（卟啉环），并往下传给下一层排列着的叶绿素分子。这样，太阳光所含的能量就一层一层地接力传递，直到传到最后的光合作用区域。

在光合作用发生的区域，细胞的结构与我们上一节中提到的细胞呼吸非常相似，只不过所有的进程要正好反过来。在进行呼吸作

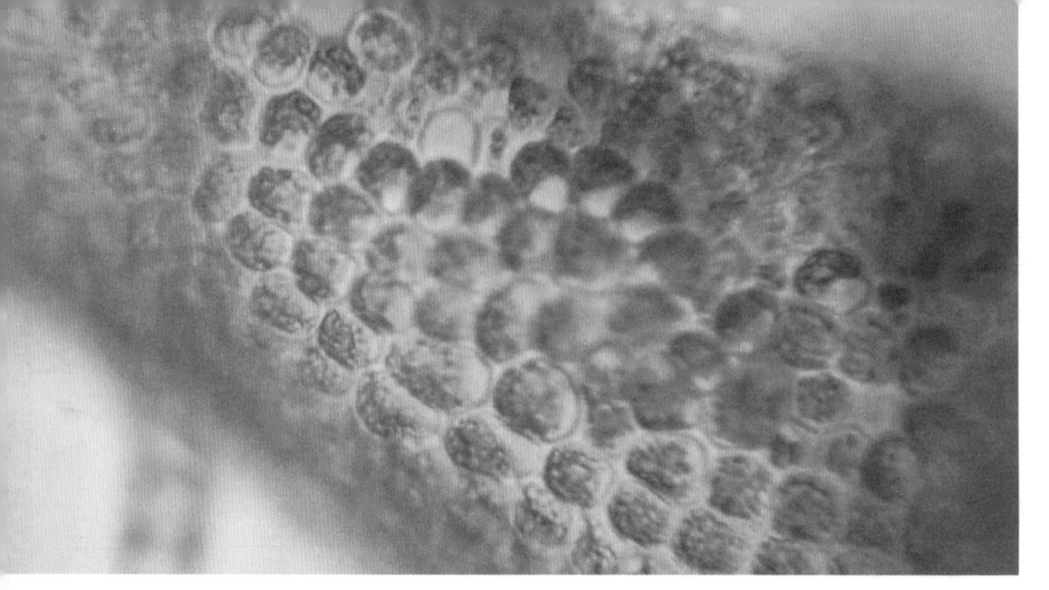

植物绿叶中的叶绿体

用的时候，是碳水化合物和氧气组合变成水和二氧化碳。而在光合作用的时候，是水和二氧化碳在叶绿素传来的光能作用下相互组合，形成碳水化合物和氧气。这一过程的核心分子也是以铁—硫原子簇为中心构成的一系列蛋白质分子，在接受了叶绿素传来的能量后，通过一系列变化把水分解为质子和氧气，进一步让二氧化碳与质子结合构成碳水化合物。因此这一过程可以写成下面的形式：

二氧化碳 ＋ 水⇒碳水化合物 ＋ 氧气

与细胞的诞生一样，我们今天很难回答这样一个问题：是先有光合作用还是先有呼吸作用？很有可能的一种情景是，在原始的大海中，既有充足的碳水化合物，也含有二氧化碳，因此二者在同步地进化。但对于生物圈而言，出现了光合作用，意味着终于获得了一种自给自足的方式，可以维持碳元素从二氧化碳到碳水化合物再回到二氧化碳的循环，这也是整个生物界最生生不息的循环。

我们呼出的二氧化碳，随着大气飘到农田中，变成了各种农作物光合作用时使用的原料，又随着它们产出的粮食被我们摄入，成为我们体内的碳水化合物，再进一步通过呼吸作用，排到大气中。这是当前的循环。而一代代的生物在大自然中不断代谢，它们的残骸被细菌分解成二氧化碳，飘散到空气中，又被植物重新固定为碳水化合物回到生物圈内。今天你我体内的碳原子就有可能来自我们的猿人祖先、上古的恐龙，甚至是原始地球上的最早一批生命。

不过前面说的这种理想的循环场景，并不是一蹴而就的。在地球发展演化的过程中，也经历过多次的震荡和反复。大气中的二氧化碳与地球生物圈所储藏的碳元素，曾经有过多次动态平衡和重新分布的过程。这个进程到今天为止，还没有完全平息。碳循环是地球生命参与地球环境改造的最重大事件。

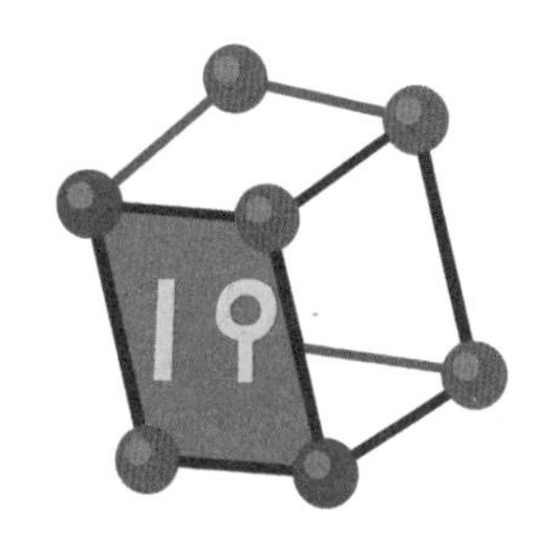

从温室到雪球

科学家们推测，在原始地球的大气中，并没有今天这么多的氧气。当时大气主要成分可能是氢气、氮气、水蒸气、二氧化碳以及碳元素与氢元素结合而成的甲烷。我们已经知道二氧化碳是一个碳原子和两个氧原子组合成的，而甲烷是一个碳原子和四个氢原子组成的气体，它们同属以碳原子为核心的气体，并且都属于温室气体。

所谓“温室气体”并不是指这些气体本身温度高，而是指它们能够把地球变成一个温室。其主要原因是，二氧化碳和甲烷等分子飘浮在大气层中，像一个保温罩一样，能够吸收和重新释放地球上的各种活动产生的热量，让它们不至于散失到茫茫的宇宙太空。我们知道，在地球深处不断地发生着各种各样的火山运动，它们将各种温室气体排放到大气中，同时也释放大量的热量。而且，在生命活动产生后，生命在地球上的运动也产生了许多热量。这些能量的共同作用，使早期地球的温度要比现在高得多，是一个温室地球。

但是随着光合作用的出现，这一情况就发生了根本性的改变。上一节已经提到，光合作用是生物体利用大气中的二氧化碳和水，在光能的作用下合成碳水化合物并释放氧气的过程。随着光合作用不断进行，大气中的二氧化碳被消耗掉大部分，而氧气的含量逐渐上升，这就像一点一点脱掉了温室地球的外衣一样，使地球上的温室效应逐渐减弱，最终形成了目前大气中氧气含量要远远超过二氧化碳含量的格局。今天的地球大气层中，氧气含量占 21%，二氧化碳只占 0.03%，氧气是二氧化碳含量的将近 700 倍。

然而，这一进程并不是一个简单的逆转，而是伴随多轮震荡和反复。很多科学家推测，在原始地球出现了光合作用的生物后，由于这些生物的大量反应和光合作用的发生，地球大气中二氧化碳被逐渐耗尽，结果导致地球上的温度大幅度下降。大约在距今 20 亿年和 7.5 亿年时，地球大气都出现了氧气含量剧烈上升的现象，随后温度便下降到比今天平均温度低数十摄氏度的程度，以至于全球的海洋都结上了厚厚的冰层，据估计厚度可达数千米。整个地球变成了一个大雪球，这也是历史上持续时间最长、程度最深的两次大冰期。

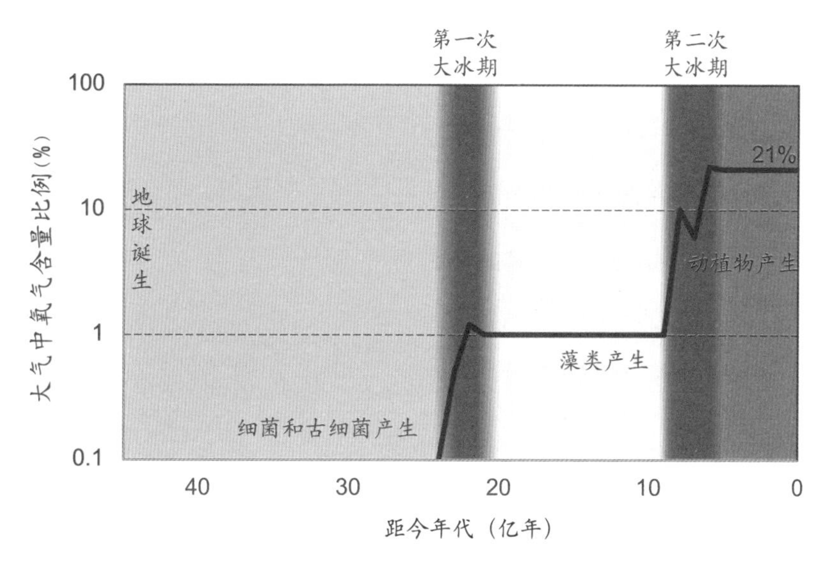

早期地球的大冰期和氧气含量变化

雪球地球的一个直接后果是当时地球上绝大多数生命都被毁灭，剩下的极少数生物也被迫在海洋深处休眠。然而造成这一切的罪魁祸首，是过度繁衍的生命。正是由于光合作用的频繁进行，才使地球上的二氧化碳被耗尽，进而温度下降。我们常说，地球是生命的摇篮，但同时生命对地球也有着举足轻重的作用。过度的生命活动，也会损伤甚至破坏这个摇篮。

然而，地球这个摇篮具有极强的韧性，它有自己进行调节和维持平衡的能力。雪球地球形成后，由于全球的封冻，反而使生命活动减弱，光合作用减少。经过数千万年的演化，地球内部火山活动排出的热量，以及它们排出的二氧化碳等气体再一次使大气中温室气体的含量上升，地球的温度重新升高，冰川融化，开始了下一轮的生命演化。由于复杂的天文和地质原因，地球演化历程中反复出现过多次或大或小的冰川期，最近一次冰川期就发生在数万年前。地球的环境正是在这样的动态平衡中不断发展，生命也在其中繁衍生存。

我们今天正处在两个冰川期的中间时期。然而，地球的温度却因为人类的活动而进一步升高，这一效应还将在未来的数十年中得到体现。考虑到历史上生命活动造成地球环境变化剧烈的前车之鉴，今天的我们也必须审慎思考自己的行为对地球环境可能造成的严重后果，因为保护地球就是保护我们唯一的家园。

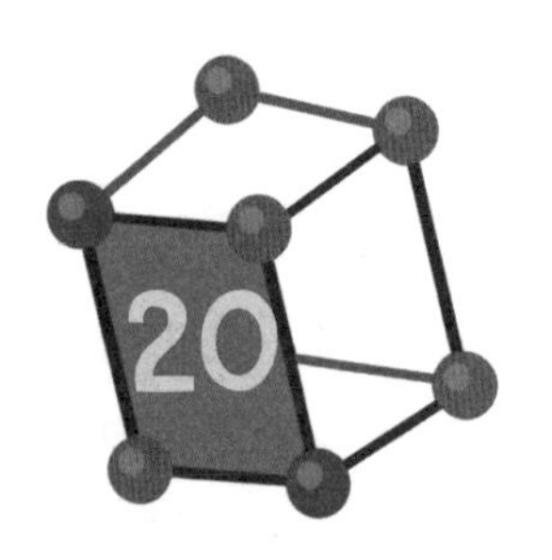

沉寂的地层

读到这里，你可能会感觉很惊奇，为什么科学家能知道几亿年甚至几十亿年前地球上发生的事情？那时候又没有人类的文字记载，更没有上帝视角的视频或音频记录。但是大自然早已把它的秘密写在另一本书里，这就是大地本身。

前面我们已经介绍过地球的结构。生物所栖息的地球，主要是地壳最上面的部分。我们所熟悉的海洋、山脉、沙漠、平原、盆地、湖泊、河流都集中在这个区域。然而事实上，原始地球的表面并不像现在这样多姿多彩，它经过了复杂的地质演化过程。一个非常明显的对比是月球的表面。月球几乎没有什么重大的地质活动和生物痕迹，它的表面保持了几十亿年前的原貌，只有一些小行星撞击过的环形山。2020 年，当嫦娥五号飞船飞临月球时，拍回来的便是这样一片荒凉的景象。

2020 年 12 月 4 日嫦娥五号相机拍摄的月球表面图像

原始地球可能也具有这样的初始结构，地壳是由地幔中涌出的岩浆在地球表面凝固而形成。正如我们前面所提到的那样，岩石的主要组成是硅、铝和氧元素构成的一系列复杂的氧化物。但地球与月球不同。一方面，地球内部存在复杂和持续的岩浆运动，地幔深处的岩浆通过火山和地壳断层不断涌出地面，而地壳上的岩石，也会随着板块运动而重新被地幔熔化。因此我们脚下看似安静不动的大地，其实在漫长的地质时代中始终不断地在演化。每过几亿年，地球表面的岩石就会有所更迭。

另一方面，地球表面还有面积占 71% 的海洋，以及其他形式的液态水。液态水的存在，使地球上的地貌经历与水的相互作用。我们都知道河流可以侵蚀岩石，几年、几十年可能还看不出什么大的变化，但是几千万年就可以形成鬼斧神工的人间奇观。著名的雅鲁藏布江大峡谷，就是雅鲁藏布江花费几千万年时间，把喜马拉雅山切开的一道深达数千米的口子。

在生命诞生后，地球表面的各种物质变化又进入了一个新阶段。生命首先在海洋诞生，后来又到陆地上繁衍，利用身边所能获得的各种养分，在这一过程中促进了各种物质的交换。同时，生命的残骸也堆积在大地上，年复一年，日复一日，最终形成了我们地球表面肥沃的土壤。这就与月球等没有生命的星球构成了明显的对比。月球表面的土壤主要是岩石风化后形成的小颗粒，归根结底还是沙子，像荒凉的沙漠中的砂粒一样。而地球表面的土壤还有大量生物残骸构成的腐殖质，具有孕育出新生命的潜力。

峡谷中切割出的地层断面

前面这些信息，都被不断沉积的地层记录下来。最早期的岩石基底在地壳深处，上面一层一层堆积了后来产生的各种地质活动的遗迹：火山喷发带来的岩浆凝固，水和大气风化造成的岩石变化，以及无数的生物残骸沉积下来的化石。今天我们在野外时经常可以看到，各种断块山地或是水流切割出的峡谷地貌呈现出一层一层的堆积方式，好像千层饼一样，就是从远古到今天各种地层留下的遗迹。地层里的秘密被科学家们发掘出来后，就可以告诉我们远古时代地球经历的演化历程啦。

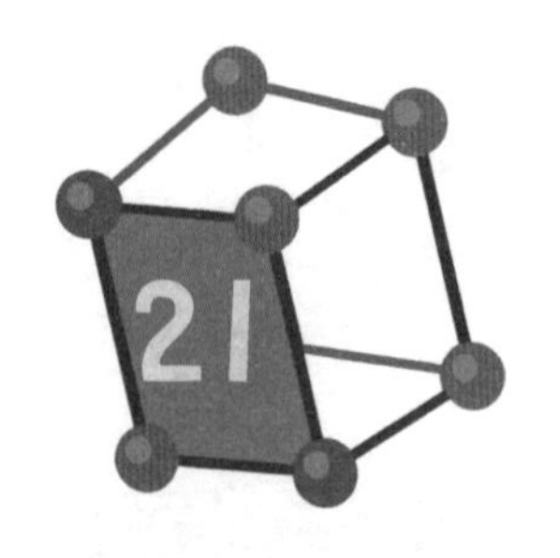

同位素时钟

岩石和大地，为我们提供了丰富的关于地球演化的信息。不过随之而来的就会有另一个问题，我们怎么知道手中的这块岩石来自哪个时代？单靠经验和它所在的位置分析未必可靠。因为在地球演变的过程中，经历过多次板块运动和地质变化，原来堆积在底层的岩石有可能被翻到地表，而地表上的沉积物也有可能下沉到地底。如何判断样本的年代，成了一个棘手的问题。

科学家们解决这个问题的办法来自我们之前提到过的同位素。你或许还记得我们介绍氢元素的时候曾经提到过，氢元素有三种不同的同位素原子，它们原子核中所含的质子数相同，但中子数不同。事实上，绝大多数元素都有同位素原子，这些同位素原子中有一类具有非常独特的性质：放射性衰变。

原子不是天经地义、一成不变的。在恒星诞生的过程中我们曾经阐述过，许多原子是由核聚变产生的，这是由轻原子结合成为重原子的过程。而与之相反，重原子也有可能转化为轻原子，这与它们各自的本性有关。这个过程中，往往伴随能量的释放，同时会放出一些其他微观粒子，比如电子或质子。因此人们把这样的过程称作放射性衰变。

科学研究表明，放射性衰变的速率符合指数衰变的形式，意思是在相同的时间内，有放射性衰变性质的原子衰变的比例相同。比如，氢元素的同位素氚（D）就具有放射性衰变的特征，它的半衰期大约是 12.5 年。这就是说，如果现在我们有 16 个氚原子，那么经过大约 12.5 年后，还剩下 8 个氚原子，再过 12.5 年，就只剩 4 个氚原子。也就是每过 12.5 年，氚原子的数量就减少一半，这就是半衰期的含义。

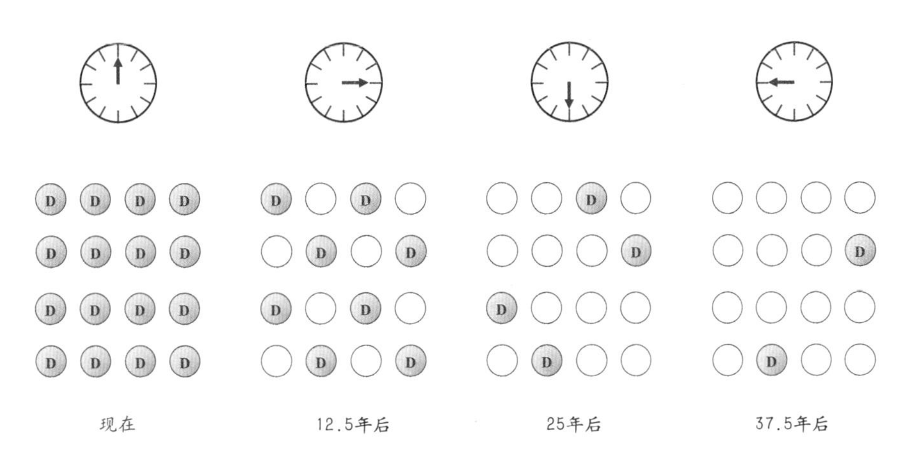

氚的半衰期

利用这样一些放射性同位素，我们可以追踪岩石的形成年代。例如在各种岩石中广泛存在一种叫作钾（Potassium，来自英文“Potash”，即“锅灰”，元素符号 K）的元素，其原子核中含有 19 个质子。钾元素的一种同位素钾 -40 具有放射性，它的半衰期大约是 12500 万年，经过衰变后，其中一部分转换成了另一种原子核内含有 18 个质子的氩（Argon，希腊文“惰性”的意思，元素符号 Ar）原子：

钾-40 + 电子 ⇒ 氩-40 + 能量

氩-40 原子几乎没有其他来源，主要通过上述过程产生。这时我们只要分析氩-40 原子在这块岩石中的含量，就可以知道有多少钾-40 原子转换成了氩-40 原子，再根据半衰期规律，计算出这块岩石的年龄。这种方法就是地质学上同位素定年法中著名的钾—氩法。

事实上，不仅是钾元素，还有其他很多具有放射性的原子也可以被用来做岩石的年龄测定。它们就好比在岩石诞生的时候放置在其中的时钟，只要岩石本身不发生变化，那么这个时钟就会持续不断地走下去，从而帮助我们今天确定岩石的年龄。

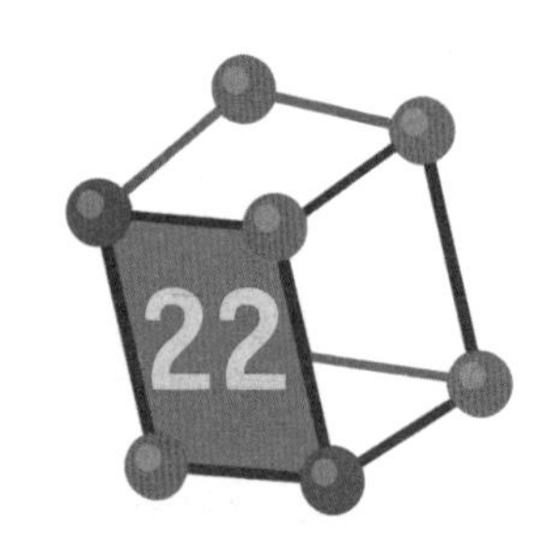

天外来的重元素

元素不仅可以告诉我们岩石的年龄，还可以揭示地球演化过程中的许多重大秘密。一个非常著名的与元素分析相关的解谜历程，就是恐龙灭绝之谜的揭开。

距今 2 亿到 6500 万年前，地球上的霸主是恐龙。人们在地下挖掘出了不计其数的恐龙化石，并且复原出了各式各样的恐龙物种。但非常神秘的是，在距今 6500 万年的时刻，恐龙以及和它一起生存的绝大多数生物一起，突然从地层的化石中消失了。这一时间段发生在地质学上所称的白垩纪晚期，有时也被称为白垩纪生物灭绝事件。

科学家们曾经对恐龙灭绝提出过非常多的假设，但是这些理论都不足以解释为什么如此庞大的一个物种能在很短的时间内集体灭绝。直到 20 世纪 80 年代，美国科学家沃尔特·阿尔瓦雷兹在研究白垩纪晚期地层中的元素分布时，遇到了确定年代的难题。于是他去咨询他的父亲——诺贝尔物理学奖得主路易斯·阿尔瓦雷兹。老阿尔瓦雷兹给他的建议是研究地壳中的铱（Iridium，来自希腊神话中的彩虹女神 Iris，因为铱元素的很多化合物都有鲜艳的颜色）元素。但实验结果却出乎意料，这一时期地层中铱元素的含量远远高于正常水平，完全不符合一般的预测。

铱原子的原子核中含有 77 个质子，是一种重元素。我们之前介绍过，像这种很重的元素都是在恒星发生元素聚变的晚期才产生的。地球上的铱元素含量非常少，并且集中在地球的核心。地壳上积累的铱元素一般来自宇宙尘埃和小行星。阿尔瓦雷兹发现，他所关注的白垩纪晚期的地层中，铱元素的含量是正常状态下宇宙尘埃和小行星所带来的铱元素含量的 40 倍还要多。这说明当时一定发生了一个非常独特的事件，使这一阶段地壳中积累的铱元素含量大大上升，并且这个现象不是偶然的。阿尔瓦雷兹通过在全世界各地的采样进一步发现，相同时代的地层中的铱元素含量都反常地上升。

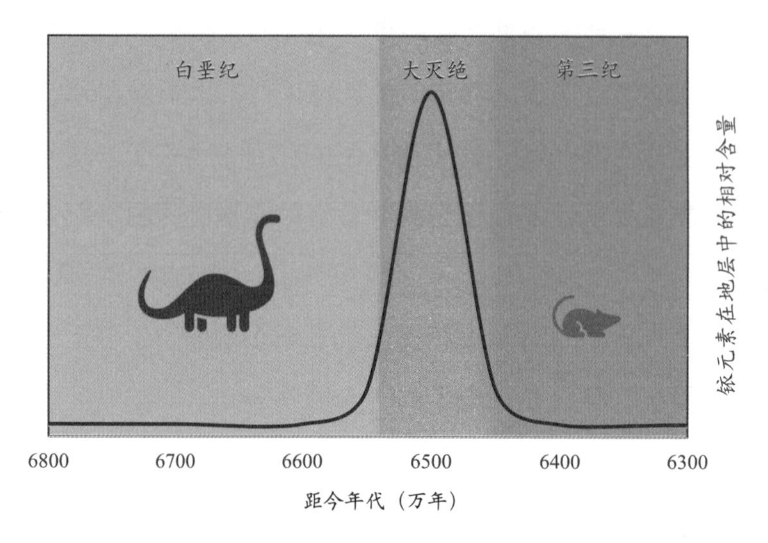

白垩纪晚期地层中的铱异常与恐龙灭绝

为了解释这个现象，阿尔瓦雷兹父子提出了一个大胆的假设：在白垩纪晚期距今 6500 万年时，有一颗体积巨大的小行星撞击了地球，它带来了大量的铱元素，造成当时地壳中铱元素含量的急剧上升。同时，由于小行星撞击地球释放出巨大的能量，造成的烟雾笼罩了整个地球，破坏了地球当时的生态环境，导致恐龙和大批生物纷纷灭绝。这就是后来知名的恐龙灭绝的流星撞击假说。

小行星撞地球导致恐龙灭绝的假说在公众领域激发了丰富的想象，但却遭到了学术界的质疑。因为这一事件实在是太独特、太不寻常了，需要更多的证据。阿尔瓦雷兹经过十几年的寻找，最终在今天墨西哥湾南部的尤卡坦半岛上，找到了一个直径超过 150 千米的陨石坑，推测起来撞击地球的小行星直径超过了 10 千米。这个尺寸和当时地壳中铱元素含量上升的幅度是相互匹配的。这一结果加上其他一些证据，最终说服了科学界，使流星撞击假说成为恐龙灭绝原因的主流观点。

地球生命的演化经历过很多阶段，也遭受过很多磨难，火山爆发、行星撞击、气候变化，都可能使地球的生命演化历程出现严重的停滞和倒退。过去的历史一次又一次地证明了这一点，在未来也不是不可能出现新的灾难。人类如何在未来可能面临的危机中生存下来，还需要更多的智慧。

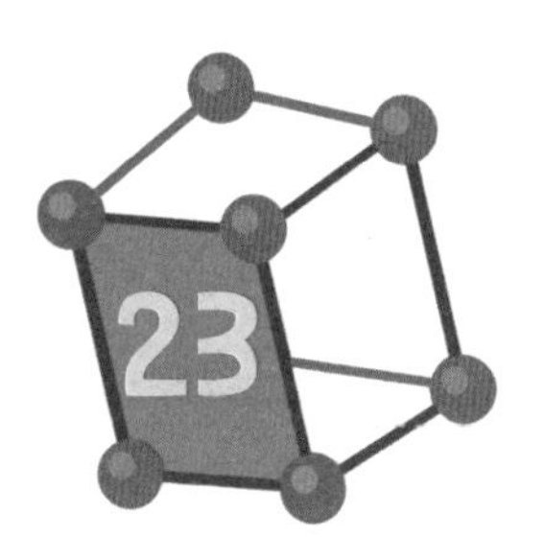

冰封的记忆

除了岩石和地层之外，地球上还有另一类记录着地球演化秘密的沉积物：南极和北极的厚厚冰盖。冰封雪飘的南极和北极，大地和海洋上覆盖着厚厚的冰层，并且和其他大陆上的冰层不同，它们不会在开春融化，而会在每年冬天随着降雪进一步加厚。而降雪中带来的信息，也就这样被一层一层地埋藏在冰层深处。当我们今天用钻探的手段，从冰层中取出冰芯时，就可以一层一层地解读古代的气候和当时的地球状况。

一个非常有趣但是有点反常识的事实是，通过分析冰芯中的元素比例，可以知道当时地球的普遍温度。你或许会问，难道冰芯的温度不应该都是低温吗？怎么还能反映当时地球的环境温度呢？这还是与同位素有关，只不过这一次涉及的不是同位素的放射性，而是同位素的质量差异。

我们来看形成冰川过程中最重要的一种物质——水。前面已经提到过，一个水分子是由两个氢原子和一个氧原子组成的。在大自然中，氧原子一共有两种同位素：一种是含有 8 个质子和 8 个中子的氧 -16，另一种是含有 8 个质子和 10 个中子的氧 -18。这两种都是稳定的同位素，不会发生放射性衰变，但是它们的质量有差异。氧 -18 含有更多的中子，因此质量比氧 -16 要大一点。就是这点差异，造成了一个非常特殊而有趣的现象，科学家们称之为同位素分馏。

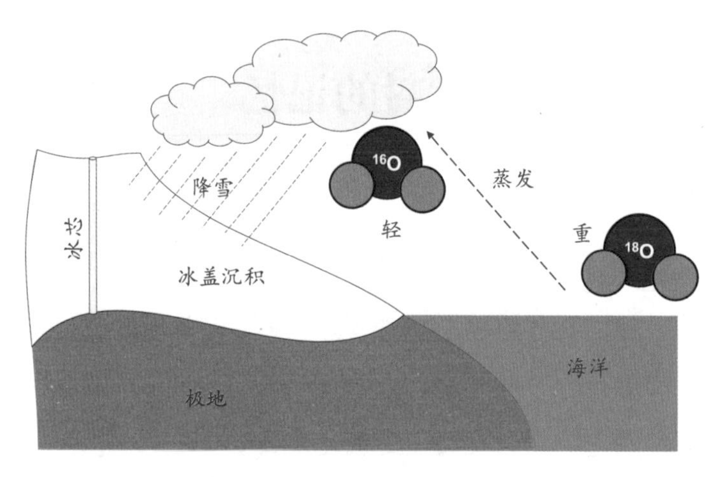

极地降雪的同位素分馏

我们知道，冰川的形成依靠的主要是降雪，而每年的降雪都是由地面蒸发到空气中的水蒸气凝结而成的。也就是说，落到冰川上的雪，本质上是由地面上的水蒸发起来后形成的。按照我们上一段的介绍，由于氧元素同位素的存在，水分子也分为两种：一种是由氧 -16 组成的水分子，它的质量要轻一点；另一种是由氧 -18 组成的水分子，它的质量要重一点。

这时候，地球的万有引力就要发挥作用了。在水从液态水变成水蒸气的过程中，更容易飘散到大气中的应当是质量更轻的水分子。因此，一般而言氧 -16 要比氧 -18 更容易飘散到空气中，进一步形成新的降水。这就是最基本的同位素分馏：由于质量不同，导致它们在物态变化中的分配也不同，从而造成了新的差异。

在同位素分馏的基础上，随着环境温度的变化，这种分馏结果也会发生变化。如果在水蒸气形成的时候环境温度很低，那么此时，分子的运动受到限制，氧 -18 这种质量更重的原子就更不愿意逸散到空气中形成水蒸气。反过来，如果水蒸气形成的时候环境温度很高，由于热运动的加剧，氧 -18 也有可能扩散到空气中，形成水蒸气。因此，随着温度的升高，水蒸气中氧 -18 的比例也更大，这也就导致了落下来的降水中氧 -18 的比例上升。

如果此时不是简单的降水，而是降雪，降雪的位置也不是发生在普通的大陆上，而是发生在南极或者北极，那么上述降水中氧 -18 的比例就被记录在了降雪形成的冰层里。极地的冰层常年不化，这些结果也就都封冻在厚厚的冰盖深处。如果科学家们对不同冰层中氧 -18 所占的比重进行分析，就可以知道它们的变化趋势，从而推断出当时的气温高低。如果氧-18的含量越高，就说明那一年的气温越高；反之，则说明那一年的气温越低。

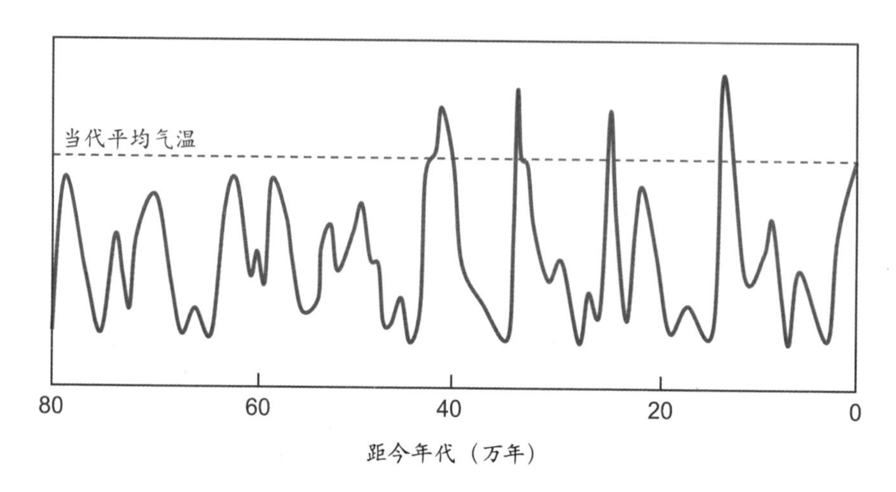

南极冰芯记录的气温变化，蓝色为冰期，红色为间冰期

利用这一结果，科学家们分析了南极冰芯中所记载的气温变化数据。结果表明，在过去的数十万年中，地球的气温并不是一成不变的，而是伴随年份发生着周期性的变化，大约每十万年就会循环一次。在这个过程中，寒冷的冰期与温暖的间冰期交替出现。而非常巧合的是，近一万年前人类文明的出现，恰好伴随最近一个冰期的结束和间冰期的开始。冰河解冻，大地春回，文明之光将第一次开始在地球上闪耀。

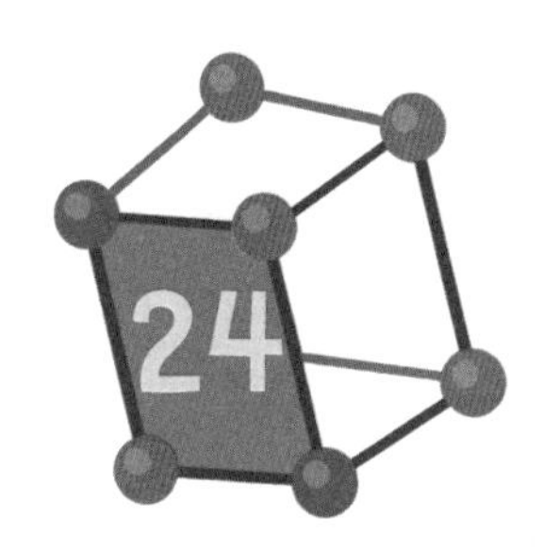

文明曙光

人类的祖先是猿人。科学家们通常认为，大约在距今数百万年前，猿人开始从灵长目中分化出来，与我们的近亲猩猩、猴子、狒狒等走上了不同的进化道路。在漫长的进化过程中，人类逐渐褪去了身上的体毛，学会了直立行走，大脑容量逐渐扩大，最重要的是学会了如何制造工具，这是从猿到人转变过程中最重要的一步。而今天在地球上繁衍生存的人类，几乎全部属于数万年前进化出的智人，其他古代人种都逐渐消失了。

当探究人类自身的发展历史时，我们不可避免地依然会遇到那个老问题，即如何确定我们获得的证据的年代？研究岩石年代所用的同位素定年法，简单搬到人类身上是不大适用的。例如我们分析过的钾—氩定年法，其中钾-40的半衰期大约是12500万年，它的尺度太大，远远超过了人类发展历程的时间尺度。地质年代中常用的那些标尺，用来标记人类演化的历程，都显得过于宏大了一些。

为了更好地分析人类演化的进程，科学家们把目光锁定在碳元素上。相比于其他元素，碳元素在这方面具有一些非常独特的优势。

首先，由于它是生命体组成的基本元素，人类也不例外，我们的身体和各种生物遗存中，都含有大量丰富的碳元素，这就使元素的采集和分析相当容易。其次，碳元素与人自己的新陈代谢息息相关，而当生命活动停止后，碳元素的代谢就停止了，碳元素的含量被冻结下来，不再发生新的变化。这样我们就有了一个研究年代问题确定的起点，不用担心样本中的碳元素会受到环境的污染。

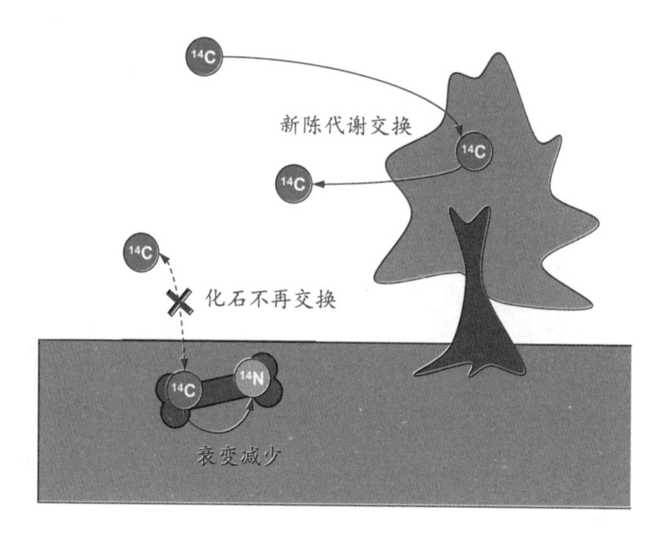

碳 -14 定年法的原理

碳元素一共有三种天然同位素：碳 -12、碳 -13 和碳 -14，它们都含有 6 个质子，但是中子数不同，分别是 6 个、7 个和 8 个。碳 -12、碳 -13 都是稳定的同位素，不会发生放射性衰变，只有碳 -14 是具有放射性的，可以放出一个电子变成氮 -14。

碳-14 ⇒ 电子 ＋ 氮 -14

这样，当生物体活着的时候，它通过新陈代谢和环境交换各种碳的同位素，体内碳 -14 的含量保持不变。而当生物体死亡后，新陈代谢停止，逐渐形成化石等样品，碳 -14 也不再更新，只能随着时间变化慢慢衰变减少。只要我们测定了样品中的碳 -14 含量衰变了多少，就能知道从它形成到今天经历了多长时间。碳 -14 衰变的半衰期是 5730 年，这个时间尺度刚好适合我们研究人类文明进化的历程，从数万年到数千年乃至数百年的年代变化，都可以借助碳 -14 定年相当精确地测定。今天，不仅在考古领域，在文物鉴定、遗址保护、历史研究等场合也广泛地使用碳 -14 定年法来对人类文明的各种遗迹进行年份标度。

大约一万年前，人类走出蒙昧，开始定居生活，通过农业革命完成对生产方式的革新。这些都预示着文明的真正产生。当人类通过语言和文字开始开眼看世界之后，地球上第一次出现了智慧，我们所知的宇宙空间也第一次迎来了能够审视和反思自我的存在。之前所有这些波澜壮阔的元素故事，又将被人类的智慧重新认识和思考。接下来，让我们结束对自然史的书写，开始追随人类的脚步，探究元素发现的历程吧。

五

金属纪年

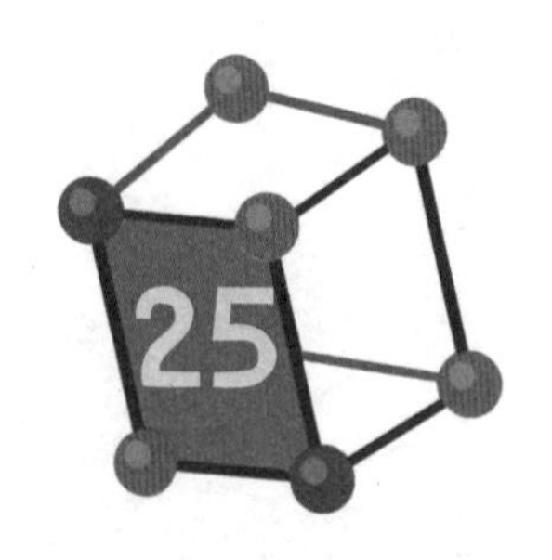

先亮起来的还是碳

如果要问人类在自然中发现和利用的第一种元素是什么，恐怕谁都很难做出一个明确的回答。但是我们可以肯定地说，碳元素一定是可能性最大的。一个最直接的理由是，我们身边接触的所有生物体，都是以碳元素为基本骨架组装而成的。因此，人们接触到碳元素的概率也就比其他元素都要大得多。事实上，在我们的日常生活中，没有一分一秒离得开碳元素。

不过，这并不意味着人们能很早地认识到碳元素的存在。正如我们前面分析的那样，碳元素和其他绝大多数元素一样，在生物界中以化合物的形式存在。碳元素可以和其他各种各样的元素原子相互结合，组成种类繁多的化合物。与碳元素一同频繁出现的，往往还有氢元素与氧元素。而这些化合物的性质千差万别，从中要想识别出碳元素并非易事。

怎样才能方便地认识一个元素呢？如果我们今天能找到一种物质，这种物质里只含有某种元素自己的原子，而不含有其他元素的原子，那这种物质就是上面这种元素的宏观代表。可以说，认识了这种物质，就意味着我们认识了这种元素本身。科学家把这种物质叫作元素的单质。认识元素的过程，就是发现并辨认它们相应单质的过程。

这时我们再回头看，就会发现碳元素的单质要比氢元素和氧元素容易发现得多。在正常的温度和压力下，氢元素和氧元素的单质就是氢气和氧气。如果把它们混在空气中，很难通过常规方法分离出来，我们只能笼统地称呼它们为气体，却没有办法辨认出其中的氢气和氧气。

而碳元素则不同。在天然状态下，碳元素存在三种单质形式：金刚石、石墨和无定形碳。这些同一元素的不同单质形式叫作同素异形体。碳元素的三种物质的形态虽然差别很大，但是它们都是天然存在的矿物，或者至少是固体。金刚石就是我们俗称的钻石。纯净的金刚石通体透明，质地坚硬，是世界上天然存在的最硬物质。远古时代人们就发现了这种闪闪发亮的石头，并把它镶嵌在首饰上，或者作为宝石珍藏。而石墨则质地较软，通体发黑。我们使用的铅笔芯就是用石墨做成的。无定形碳则是不具有大块晶体结构的碳。

镶嵌钻石的首饰

石墨和金刚石看起来很不相同，这是由于碳原子在它们中的排列不同。金刚石中的碳原子排列得像一个一个的小金字塔，彼此之间通过牢固的方式连接起来，因此它的形状很难改变。而石墨像是我们吃的千层饼，碳原子排列成一层一层的薄膜，单层的碳原子薄膜就是大名鼎鼎的石墨烯。由于每一层碳原子之间没有特别强烈的相互作用，可以相互滑动和错位，因此石墨质地松软，很容易变形。金刚石和石墨像是一对异卵双胞胎兄弟，结构与性质千变万化，但本质都是碳元素的单质。

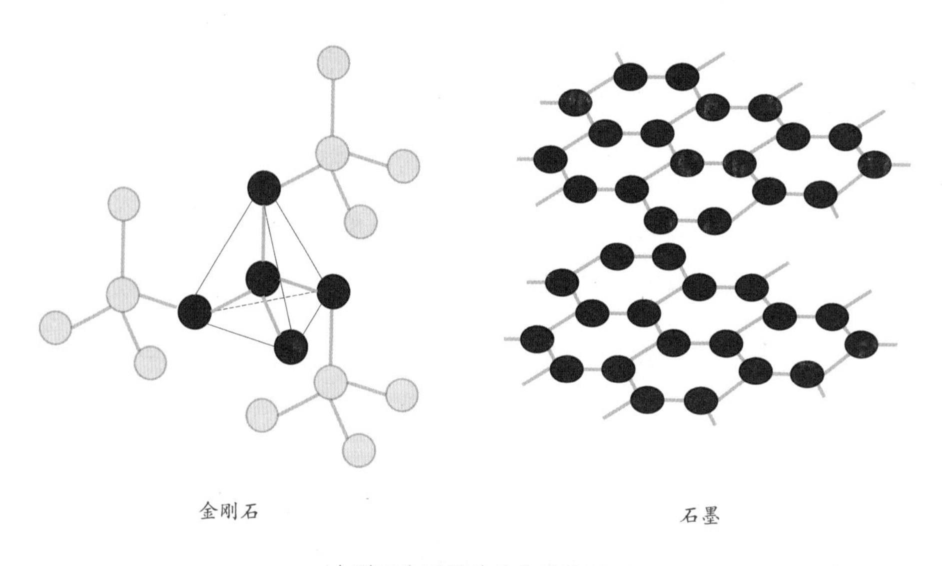

金刚石和石墨的结构示意图

不过要说到古人最早认识的是哪种碳元素单质，恐怕还是无定形碳。就连碳元素的命名都是来自煤炭的“炭”。距今大约 50 万年左右，人类就学会了用火，而只要用生物材料燃烧取火，就不可避免地会发现木炭。用来生火的树枝和木条，主要都是由碳水化合物组成的。在燃烧的过程中，氢元素和氧元素以水蒸气的形式逐渐散失掉，最终剩下的绝大多数都是碳原子。这就是我们在燃烧的灰烬中发现的颜色黢黑、质地松脆，有时甚至已经是粉末状态的木炭，也就是无定形碳的主要存在形式之一。

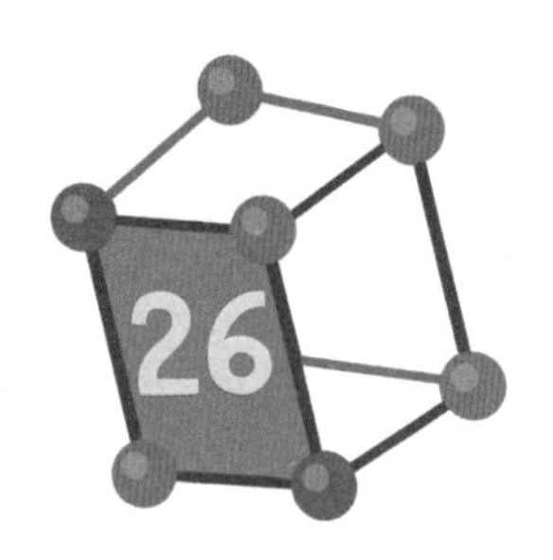

发现金银

除了碳元素外，在自然界中以单质形式存在的元素并不多。其中发现最早也是最为人们熟知的，当数黄金和白银了。

大自然中就存在金（Gold，元素符号 Au，来自拉丁文 Aurora，意思为“曙光女神”）元素的单质——天然黄金。金元素是恒星合成元素过程中最后一批形成的重元素之一，在地球上主要分布在地核深处。伴随着岩浆活动和地质运动，地球深处的黄金才被带到了地壳中，以矿脉的形式存在于深山之中。古人最早发现的可能就是这样一些在岩石中闪烁着点点金光的天然黄金，称为“脉金”。黄金的“金”字也许可以这样理解：上面的“人”和“一”代表山，中间的“土”代表石头，两边的点代表镶嵌在石头中间的碎金矿脉。有时这

天然金块

些金矿被流水冲刷，其中的黄金被带出深山，经过风化侵蚀，以金粉的形式和沙子混在一起，这就是“沙金”。还有一些地面上的黄金来自陨石，大块地散落在田间地头，中国人称为“狗头金”。

黄金之所以吸引远古的人们，与它的性质密不可分。整块的黄金通体光滑，可反射光泽，质地紧密，硬度较高，这正是一般金属元素单质的特点。事实上，“金属”得名就源自黄金，意思就是和黄金类似的元素。其他大部分金属由于自身的化学性质很活跃，一般都会与其他的元素形成化合物，存在于地球深处。黄金和它们不同，它的单质非常稳定，不容易与别的物质发生反应。有一句俗话叫“真金不怕火炼”，说的就是经过煅烧甚至熔化，黄金也不会轻易改变它的颜色性质。同时，黄金的密度也远远超过一般的石头，戴过黄金饰品的人都体会过黄金的分量。这在古人能够直接接触到的物质中也是非常独特的。

因此，在人类文明诞生初期，黄金作为重要的装饰品和工具，就进入了人类的视野中。无论是在欧洲、亚洲、非洲还是美洲，远古文明不约而同地选择了黄金作为他们的主要装饰物之一。这不能不说是黄金本身的性质形成的结果，而不是简单的巧合。相对于一般金属而言，黄金的硬度并不大，并且具有非常强的延展性。所谓延展性，指的是黄金可以不断地发生变形，被挤压成薄片、细线等形式。黄金制成的金箔厚度可以比最薄的纸张还要薄，金线更是可以比头发丝还要细。这种性质使黄金制品的形式和种类极为丰富，千奇百怪的黄金制品在不同的古文明中都有发现，例如在中国的三星堆遗址和美洲的玛雅文化中，都有黄金面具的身影。

与黄金相似，白银（Silver，元素符号 Ag，来自拉丁文 argentum，意思是“亮色”）也在文明早期就被人们发现和利用。金矿和银矿往往伴生在一起，有的时候黄金中就镶嵌着白银。当然，比起黄金，白银的化学性质要稍微活泼一点，因此也有一些白银的化合物矿石存在，冶炼这些矿物是人们在文明发展过程中才逐渐学会的。与黄金相比，银的颜色偏白，密度更低，但两者稳定性和延展性相差不大。古人很早就发现了金和银的这种相似性，并把它们比作天上的

四川成都金沙遗址 2007 年出土的大金面具

太阳和月亮，各种银器也在文明早期就被人们发现和利用。

不过真正使黄金和白银成为人类社会不可分割的一部分的原因，是因为它们的稀缺性。黄金和白银都是重元素，因此，本来在宇宙中的含量就少得多，再加上在地球环境的演化过程中，重元素都倾向于分布在地心深处，地壳上可被开采和利用的金矿与银矿数量相当稀少。即使有这样的矿藏，也不意味着整个矿山都是黄金或白银，它们往往以散居的形式分布在岩石缝隙中。因此直到今天，黄金和白银仍然是非常稀缺的金属。2022 年全球黄金的年产量是 3628 吨，而作为对比，全球钢铁产量是 1878500000 亿吨，黄金产量仅仅是钢铁产量的五十万分之一还不到。稀缺性赋予了黄金和白银新的价值：社会货币。

现在已知最早的金币诞生在距今大约 2600 年前古希腊的吕底亚。不过在此之前，黄金和白银就已经成为重要的一般等价物，在

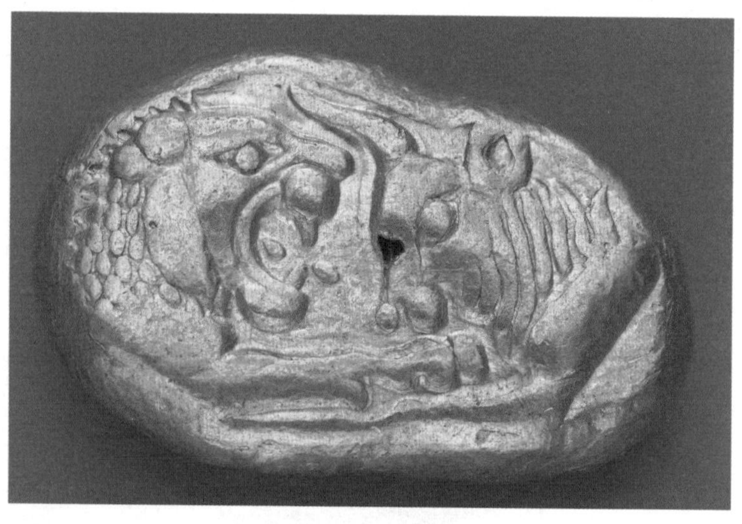

公元前 6 世纪中期的吕底亚金币

商业贸易中发挥着重要作用。古人要想完成商业贸易，要么通过等价的实物相互交换，要么就需要寻找一种双方都认可的具有一般价值的物质作为中间媒介来进行交换，这也就是后来货币的雏形。黄金和白银恰恰就具有这样的特征。正是由于黄金、白银的稀缺，全世界的文明都认可黄金、白银具有重要的价值。同时它们有良好的可延展性和可分割性，能够被划分成任意单位的小块，方便在贸易活动中进行定量的计价。此外，它们性质稳定，容易辨识，不容易被伪造，也方便作为货币在世界上流通。直到今天，黄金白银在经济活动中仍然具有非常重要的地位。

当然，除了货币之外，现代科技也给黄金、白银赋予了很多新的作用，例如，用作工业生产中的催化剂和电子电路中的一些特殊接口等。围绕它们的故事还在继续进行。

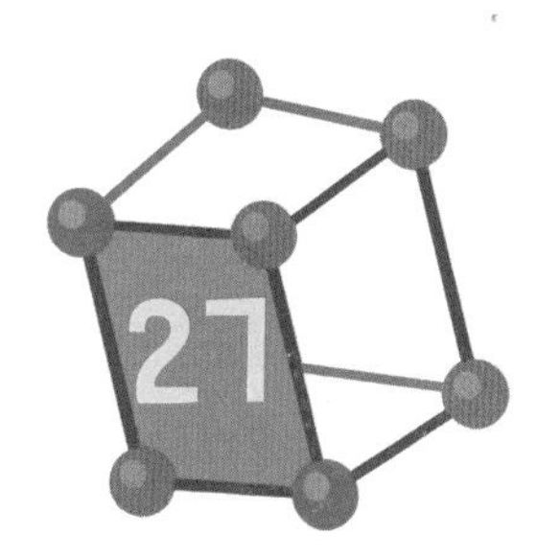

铜的时代

在古希腊的神话故事中，整个世界历史被分成五个时代，最早

距今 3100 ~ 3500 年的塞浦路斯铜锭

的是人类无忧无虑生活的“黄金时代”和“白银时代”，接踵而来的就是“青铜时代”。这说明，早在古代文明的时候，人们就意识到青铜的出现是人类社会发展中的一个重要事件。现代历史学家也把文明出现之后的年代划分成石器时代和金属时代，金属时代的开篇便是以铜元素的发现和利用为主要标志的。

黄金与白银虽然有很多优点，但它们并不能直接作用于物质生产。一是它们含量稀少，只能成为贵族和国王的装饰，不可能被全社会广泛利用。二是黄金与白银的硬度不强，用于农业生产和战争活动都显得力不从心。人们迫切需要发现一种新的物质来代替过去使用的石器。这时候，铜元素便走进了人们的视野。

铜（Copper，拉丁文 Cuprum，来自古希腊的铜矿产地塞浦路斯 cyprium，元素符号 Cu）元素和金银化学性质颇为相似，但是比它们的含量要丰富得多。在天然条件下，铜元素既可以单质的形式存在，也有很多丰富的化合物矿藏。单质铜是具有紫红色金属光泽的固体，在野外一望而知，可以进行冶炼加工。铜的熔点不高，在古代，木炭累积的温度就可以将其熔化，从而制造出各种各样铜的器具。纯铜的延展性依然很好，但强度不是很高。如果把铜和其他元素进行混合，就会得到强度更高的合金。顾名思义，合金就是由两种或者两种以上的金属元素融合在一起构成的物质。在合金中，不同金属的原子错综在一起，从宏观上看就像一种全新的金属。

合金的发明历史已经不可考。一种可能的猜测是，在大地深处蕴藏的矿脉中，本来就有许多金属相互伴生的矿产。例如铜元素就往往与金、银、铁等元素一起伴生，甚至同一块矿石中就含有全部这些元素。古人并不了解它们的结构组成是什么，只是在用高温加工和冶炼的过程中，偶然发现了其中一些组成具有独特的性质，例如很高的强度，继而通过探索和模仿，逐渐摸索到了冶炼合金的规律。对于铜元素而言，后来使它得到全世界广泛应用的正是它的合金——青铜的发现和利用。

青铜主要是铜元素和锡（Tin，意为“罐头”，元素符号 Sn，来自拉丁文 Stannum，意思可能是“坚硬”）元素的合金，最早发源于大约 6000 年前的两河流域，后来随着人口流动传播到欧亚大陆的其他地方，在中国得到大规模发展是在距今 3500 ~ 2500 年前的商周时期。锡元素在自然界中的矿藏主要是它的氧化物——锡石，其中锡原子与氧原子的比例是 1∶2，与二氧化碳中碳原子与氧原子的比例相同，也叫作二氧化锡。用炭火冶炼锡石，就可以得到锡元素的单质，这是由于木炭中的碳元素取代了锡元素，和氧元素相互结合为二氧化碳。

二氧化锡 + 碳 ⇒ 二氧化碳 + 锡

有了金属锡，就可以与上面已经熔化的金属铜相互结合。不同比例的锡与铜配合出不同比例的合金，它们的性质也有差别。中国古书《周礼·考工记》中记载："金有六齐：六分其金而锡居一，谓之钟鼎之齐；五分其金而锡居一，谓之斧斤之齐；四分其金而锡居一，谓之戈戟之齐；三分其金而锡居一，谓之大刃之齐；五分其金而锡居二，谓之削杀矢之齐；金锡半，谓之鉴燧之齐。"这段话的意思是：如果青铜中锡的含量占六分之一，则适合用来铸造钟和鼎；如果占五分之一，适合用来锻造斧子；如果占四分之一，适合用来造长矛和剑戟；如果占三分之一，适合用在刀刃上；如果占五分之二，适合用来做箭头；如果占一半（也就是二分之一），适合用来做

中国国家博物馆藏
后母戊大方鼎

铜镜。这反映了古人对合金比例与性质关系的深刻认识。

青铜时代的到来，大大促进了人类对金属的利用，也使整个人类文明有了质的飞跃。青铜可以被用来铸造极大重量的祭祀用器，例如世界上现存最大的青铜器、中国商朝晚期铸造的后母戊大方鼎，高 133 厘米、口长 110 厘米、口宽 79 厘米，重 832 千克，这是金银器具很难做到的。如前面《考工记》中记载的那样，青铜还可以被用来铸造兵器，打造出刀、枪、剑、戟、斧、钺、钩、叉等各种形制的兵器。此外青铜制品还可以用在农业生产中，用于耕地、翻土、播种等环节。由于铜和锡储量丰富，价格便宜，青铜制品也因此可以被全社会广泛利用。可以说，正是由于青铜的广泛使用，促使人类文明走进了第一个辉煌的时代。

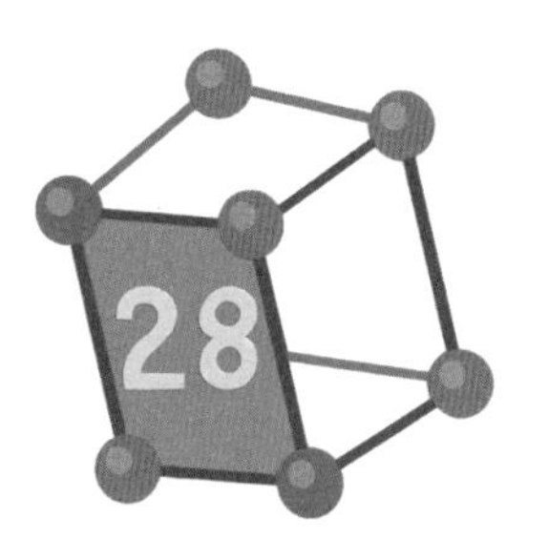

更锋利的铁

铁元素已经在前文出现过很多次了，我们知道它是恒星合成元素中的一个重要节点，同时也是地球上含量最多的金属元素之一。

公元前1350年左右古埃及图坦哈蒙法老的陨铁匕首

地壳中含量最多的是氧元素，其次是硅元素（它们都不是金属），再次是铝元素，最后就是铁元素。然而人类对铁元素的利用却比较晚，这与铁元素的性质有关系。我们知道，铁能够方便地与氧形成各种各样的化合物，这就造成了自然界中并不存在纯净的铁元素单质。我们今天所利用的各种铁矿，比如赤铁矿就是三氧化二铁，磁铁矿是四氧化三铁，都是铁和氧的化合物。对于古人而言，这些铁矿看起来与石头没有什么区别。

考古学家在早期人类文明中也发现过一些铁的踪迹，比如古埃及和商代中国都曾出土过铁做的匕首。但经过分析表明，这些铁并不是地球上的铁，而是来自陨石。在从宇宙空间落到地球上的小行星中，有一类小行星富含铁元素。而小行星所处的宇宙环境没有氧气，因此铁元素以纯铁的形式落到地球上，又被人们称之为陨铁。在冶铁技术发明之前，陨铁几乎是唯一的铁器来源。也正因如此，铁器被古埃及人看作上天的馈赠，是一种非常神秘的金属。

铁为什么如此重要，以至于后来代替青铜成为人类主要使用的金属呢？一方面是因为铁的含量要比铜丰富得多，更加方便人们大规模地使用。另一方面与它自身的化学性质有关，铁比铜要坚硬得多，尤其是掺杂了其他元素的合金铁。我们常说“钢铁”，这其中的钢就指的是掺杂了碳元素的铁。通过调节碳元素的比例，可以获得不同形式、不同硬度的钢材，可以应用在不同的场合。铁质器具坚硬锋利，用作农具开垦荒地效率更高，用作兵器则比铜制兵器更加锋利。

但是铁的冶炼却要比铜困难，因为铁的熔点要比铜高大约 500 摄氏度。它是在人类已经探索了铜的冶炼技术后慢慢发展起来的，最早系统地使用铁矿石冶炼铁制造兵器的民族是小亚细亚半岛的赫梯人，他们在距今 3500 年前学会了冶炼铁器，并凭借铁制造的兵器一度成为西亚的霸主。冶炼铁矿石需要比铜矿更高的温度，所用的器具现代称之为高炉。在高炉中，铁矿和木炭被放在一起经过高温的冶炼，由碳把铁矿石中的氧置换出来变成二氧化碳，从而获得铁。以赤铁矿（三氧化二铁）为例，这一过程是这样的：

三氧化二铁 ＋ 碳 ⇒ 二氧化碳 ＋ 铁

经过初次冶炼得到的铁，由于冶炼过程中碳元素渗入铁中，因此一般不是纯净的铁，而是含有大约 2% 的碳元素，这被称为生铁。生铁坚硬耐磨，可以用于铸造，但是质地很脆，不能承受压力和锻打。为了进一步改造生铁的性能，需要对它进行精细的加工。在中国，汉朝时人们便发明了炒钢法，可以将含碳量 2% 的生铁转变成含碳量低于 0.6% 的熟铁。炒钢的原理其实很简单，它是将刚刚熔化的生铁暴露在空气中，然后不断搅动，使空气中的氧气能够深入熔融的铁中。这时由于温度很高，生铁中含有的碳元素，便会和氧气发生反应，生成二氧化碳从而逸出，剩下的就是更加纯净的铁了，

明代《天工开物》中所绘制的“生熟炼铁炉”

古人称之为熟铁。熟铁比生铁的韧性更好，适合锻打成形，但是它的硬度有所下降。

要想结合生铁和熟铁的特点，就需要掌握好控制碳元素含量的技术，制造出碳元素含量在 0.6% ～ 2% 的钢来。俗话说“百炼成钢”，最早是人们在反复锻打和冶炼铁矿石的过程中，无意发现了钢的存在。在上述生产生铁和熟铁的过程中，如果熟铁中的碳元素没有完全被氧气带走，那么就可能得到钢。另一种方法是把熟铁重新放回炭火中冶炼，这时它会进一步和碳发生相互作用，相互渗透和吸收，在高温的锻打和冶炼过程中会结合成更加紧密的钢。炼钢术的出现，可以使我们制造出比过去所有兵器都要锋利得多的钢制兵器，这就是古人所称“削铁如泥”的兵器。

当然铁元素也有缺点——容易生锈。由于铁元素容易与氧元素发生相互作用，因此，铁器暴露在空气中，就会和氧气发生作用生成氧化铁，氧化铁就是铁锈。为了保护铁器不受锈蚀，人们也开发了很多方法。例如不锈钢，就是在钢材中掺杂其他一些金属元素，例如锰、铬和镍，让它变成不容易生锈的合金。

时至今日，钢铁已经成为现代社会不可或缺的一部分，从高楼大厦中的钢筋，到汽车轮船的骨架，再到日常生活中所用的各种器具，可以说钢铁是伴随人类最密切、使用最频繁的金属，钢铁产量也成为一个国家经济发展的重要标志。

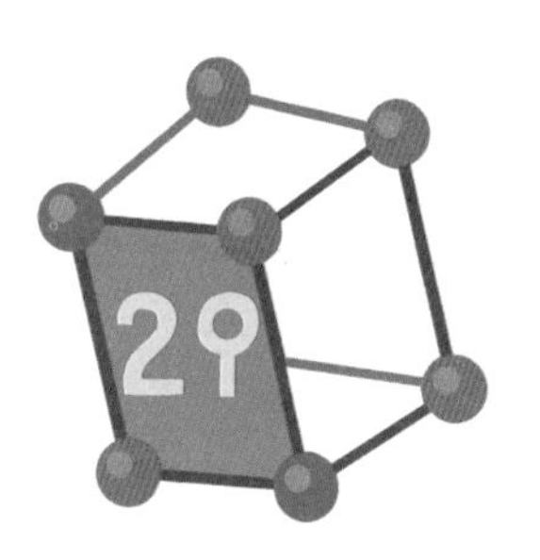

铅和汞

前面介绍的金、银、铜、铁、锡五种元素，在中国传统中被称为“五金”，它们是与人类社会日常生产生活密切相关的五种金属元素，也是发现最早的一批金属元素。除了它们，人们也陆续发现和识别了其他一些金属元素，其中发现较早、应用较广的是铅元素和

天然存在的方铅矿

汞元素。

铅（lead，元素符号 Pb，来自拉丁文 Plumbum，可能是铅块落水的拟声词）元素的发现其实和青铜的历史差不多悠久。在大自然中铅和锡的性质非常相似，它们也常常出现在同一地区，冶炼青铜的过程中既可以加入锡，也可以加入铅，或者二者都加。纯净的铅，需要从铅矿石中冶炼。和锡有所区别的是，铅往往不是以氧化物的形式存在，而是以硫化物的形式存在。硫化铅被称为方铅矿，它同时也是一种宝石。对高温下的方铅矿进行煅烧，可以得到氧化铅，再用木炭置换掉氧元素，便可以得到纯净的铅块。据考古材料推测，大约距今 3500 年前，铅的冶炼技术就已经成熟。

在西方尤其在古罗马，铅质器具得到了广泛的应用，因为古罗马人发现铅的熔点很低，延展性很好，比起具有同样特点的金和银来说又便宜得多。更有意思的是，经铅储存过的水和酒似乎都有一种特殊的甜味，让人爱不释手。今天我们知道，所谓的甜味不过是源于铅与水中酸性物质作用生成的醋酸铅，它又被称为铅糖。古罗马人广泛使用铅制器具运输和装载水，就连他们的自来水管都是由铅制造的。然而他们却没有重视铅的危险性：铅是重金属元素，过度摄入会导致铅中毒，使人神经错乱甚至死亡。因此，著名历史学家吉本在《罗马帝国衰亡史》中猜测，古罗马帝国之所以陷入衰落，很大原因是贵族使用铅制器具导致的铅中毒。

与铅相似，另一种广为人知却也危险异常的金属元素是汞（mercury，本意是罗马神话中的信使神墨丘利，代表水星，元素符号 Hg，来自拉丁文名 hydrargyrum，意思是液态的“hydr-”银“argy-”）元素，它的俗名——水银——揭示了它的独特性质：常温下唯一的液态金属。今天我们在水银温度计中看到的那一条银白色的柱子，就是汞元素的单质。它具有明显的金属光泽，密度也远远高于一般液体，反倒接近黄金和白银的密度，却可以流动，因此东西方人都不约而同地用液态的银为它命名。

汞元素在自然界最重要的来源是丹砂。丹砂是一种鲜红色的矿物，其组成是硫化汞（硫原子和汞原子按照 1∶1 的比例组成）。最早在中国，丹砂被用作红色颜料，时至今日，书画中使用的红色印泥还是以丹砂为主要成分。加热丹砂，就会分解出汞元素和硫元素的单质。

丹砂（硫化汞）⇒ 汞 + 硫

中国大约在春秋战国时期就掌握了大规模获得液态水银的方法，人们发现，在加热丹砂的过程中，会有银白色的蒸汽从矿物上升腾出来，这时如果用瓷器或玻璃器具在上方承接，就会凝结出银白色的水银珠，把它们收集起来就可以得到液态汞。由于在常温下是液体，水银非常容易挥发和消失，温度稍高它就变成水银蒸气，飘散到空气中难以找回，因此西方人把它比作五大行星中最难发现、稍纵即逝的水星。

古代西欧人制作金汞齐的场景

水银的独特外表和奇特性质在古人心中引发了很多想象。作为一种液态金属，它可以溶解大部分金属，和它们形成液态的合金，这被称为汞齐。古代中国利用金和银的汞齐作为颜料，涂在建筑物和器具表面，然后加热让汞蒸气挥发掉，就得到了金银的涂层，这就是鎏金银技术。此外，由于水银纯净神秘的外表，人们长期以为水银具有独特的药用功能。事实上，汞元素有着非常强的神经毒性，可以致人死亡。但也正是这种毒性使它具有了防腐灭菌的作用，用在墓地里可以使尸体长期不腐烂。根据《史记》的记载，著名的秦始皇陵地宫就是用汞灌注整个墓穴，“以水银为百川、江河、大海”的，这在不了解背后道理的古人看来，又蒙上了一层神秘的面纱。

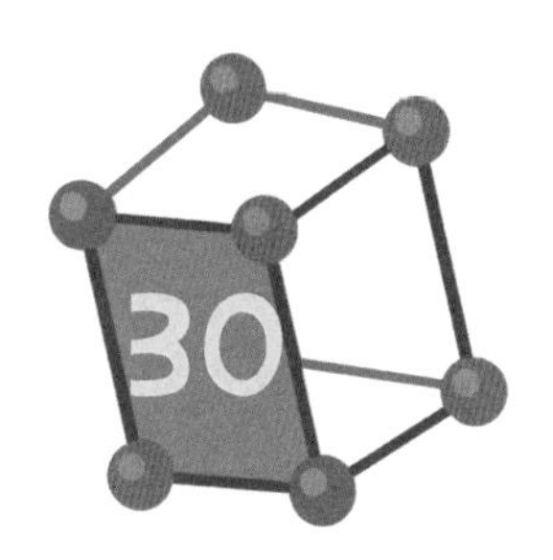

硫和砷

说了这么多金属元素，我们再来看一看为古代人们所认识的非金属元素。你可能已经注意到，元素的汉字名称都通过偏旁来标识它们的特点。金属元素通常都有金字旁（除了汞元素），而非金属元素根据它们的性质不同，有三种偏旁：气态的用气字头，如氢元素、氧元素；固态的用石字旁，如碳元素；液态的用三点水旁，如溴元素。

在非金属元素中，被人们发现最早的单质应当是碳元素。除碳元素外，气态的非金属元素单质，例如氢气、氧气、氮气，在常规状况下都混合在空气中，古代没有技术手段能把它们分离出来，因此也谈不上发现。在天然条件下，只有硫元素可以以单质形式大量存在。

硫（sulfur，元素符号S，来自拉丁文，意思是鲜黄色）元素的单质在自然界中就是硫黄，它往往存在于火山口周围，是被地质活动带到地面上来的。顾名思义，硫黄是一种具有鲜黄颜色的矿物，质地松脆，可以研成粉末，在空气中可以点燃，燃烧时硫元素与空气中的氧元素结合，生成气体二氧化硫。这一点和碳元素有相似之处。

硫 ＋ 氧气 ⇒ 二氧化硫

由于硫黄鲜艳的颜色，古人很早就发现了这种矿物，并且利用它和其他元素发生反应。比如我们前面提到的水银，可以与硫黄粉末相互结合，重新生成红色的硫化汞。中国东晋时期的炼丹家葛洪在他的《抱朴子·金丹》中记载“丹砂烧之成水银，积变又还成丹砂”，正是反映了这一过程。

除了硫黄，中国人还把具有类似颜色的矿物——雄黄与雌黄——与硫黄并称为“三黄”。实际上雄黄与雌黄是另一种元素的化合物，即一种名为砷（Arsenic，元素符号 As）的元素。雄黄和雌黄都是砷元素和硫元素的化合物，只不过其中二者的比例不同。雄黄中砷原子和硫原子的比例是 4∶4，即四硫化四砷。而雌黄中二者的比例是 2∶3，即三硫化二砷。把它们在空气中加热焙烧，氧元素就会把其中的硫元素置换出来，形成砷的氧化物——三氧化二砷，它有一个更通俗的名字，叫作砒霜。

砒霜的颜色是雪白的，这也正是它得名的原因。古人发现了从黄色的雄黄或雌黄转化成白色砒霜的过程，感到颇为惊奇。当然后来更为人熟知的是砒霜的毒性。雄黄和雌黄就具有一定的毒性，中国人有在端午节喝雄黄酒驱邪祛病的传统，其实就是利用雄黄的消毒功能。砒霜比它们的毒性要强得多，很少量的砒霜就可以致死。

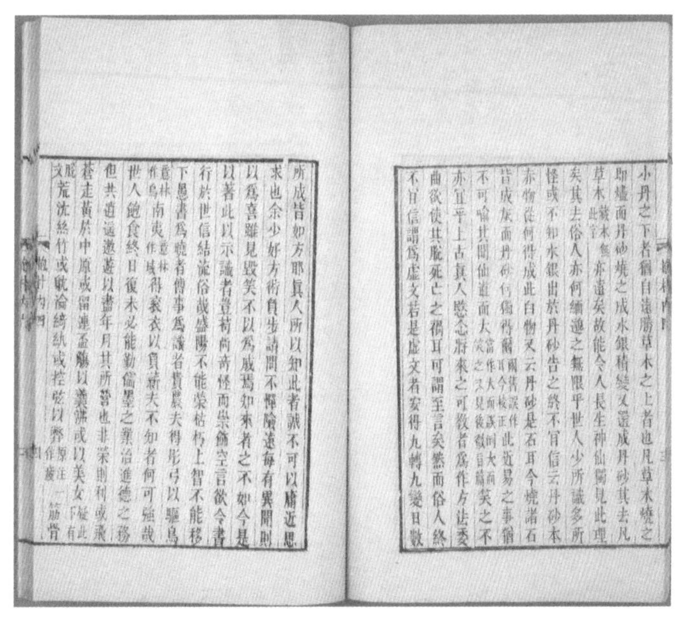
小丹之下者猶自遠勝草木之上者也凡草木燒之
即燼而丹砂燒之成水銀積變又還成丹砂其去凡
草木（藏本無此字）亦遠矣故能令人長生神仙獨見此理
矣其去俗人亦何緬邈之無限乎世人少所識多所
怪或不知水銀出於丹砂告之終不肯信云丹砂本
赤物從何得成此白物又云丹砂是石耳今燒諸石
皆成灰而丹砂何獨得爾（爾舊誤作耳今校正）此近易之事猶
不可喻其聞仙道而大（當作大而笑之又見後微旨篇）笑之不
亦宜乎上古眞人愍念將來之可教者爲作方法委
曲欲使其脫死亡之禍耳可謂至言矣然而俗人終
不肯信謂爲虛文若是虛文者安得九轉九變日數

所成皆如方耶眞人所以知此者誠不可以庸近思
求也余少好方術負步請問不憚險遠每有異聞則
以爲喜雖見毀笑不以爲戚焉知來者之不如今是
以著此以示識者豈苟尚奇怪而崇飾空言欲令書
行於世信結流俗哉盛陽不能榮枯朽上智不能移
下愚書爲曉者傳事爲識者貴農夫得彤弓以驅鳥
（意林作烏）南夷（意林作域）得衮衣以負薪夫不知者何可強哉
世人飽食終日復未必能勤儒墨之業治進德之務
但共逍遙遨遊以盡年月其所營也非榮則利或飛
蒼走黃於中原或留連盃觴以羹餅或以美女（疑此下有脫文）
荒沈絲竹或耽淪綺紈或控弦以弊（原注一作疲）筋骨

《抱朴子·金丹》书影（清代嘉庆刻本）

在民间传说《白蛇传》中，白娘子正是因为喝下了雄黄酒，才显出原形。

因为雄黄和砒霜的这些特性，古人很关注它们的相互变化，也就在这个过程中无意得到了单质砷。还是葛洪，他在《抱朴子·仙药》中记载，他把硝石、猪油、松树脂三种物质与雄黄共同加热，得到了“引之如布，白如冰”的产物。今天我们推测起来，加热雄黄的过程得到了砒霜，而猪油与松树脂在加热过程中逐渐碳化，就得到了木炭。碳元素与砒霜共同加热，就像前面冶铁的过程一样，从中置换出氧元素，而得到了砷元素的单质，这就是葛洪所说“白如冰”的物质。

《绣像义妖传》中白娘子和许仙端午节饮雄黄酒的插图（清代光绪刻本）

三氧化二砷 + 碳 ⇒ 砷 + 二氧化碳

在古代元素的发现史上，有很多这种“无心之得”。在我们今天看来，他们是人类发现元素的先驱，但在他们自己看来，他们并不是在发现元素，而是在做另一些更加有意义的事情：炼金与炼丹。

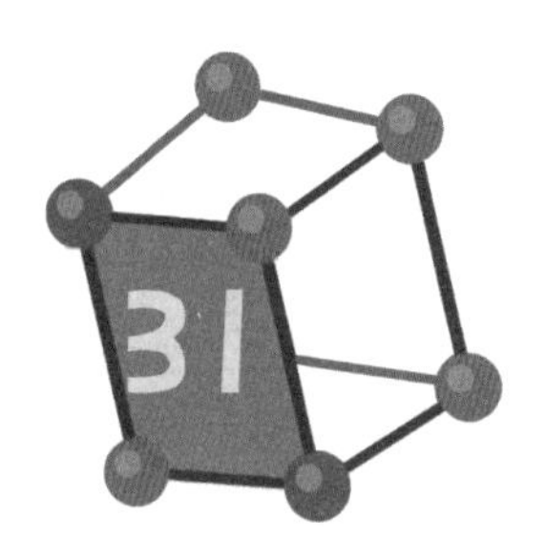

炼金与炼丹

在文明社会中，伴随人类从始至终的有两大欲望：对财富的追求和对健康的渴望。古往今来，无数人对这两个目标孜孜以求，付出了青春、智慧、精力、汗水，甚至生命。黄金是财富的代表，仙丹是健康的追求。在古人看来，拥有了获得黄金和仙丹的方式，就掌握了通向财富和健康的钥匙。这也正是在东西方古代盛行的炼金术与炼丹术的原始动力。

顾名思义，炼金术便是通过人工手段获得黄金的办法，它在西方尤为盛行。炼金术的基本思路是把手上的贱金属（如铁和铜），通

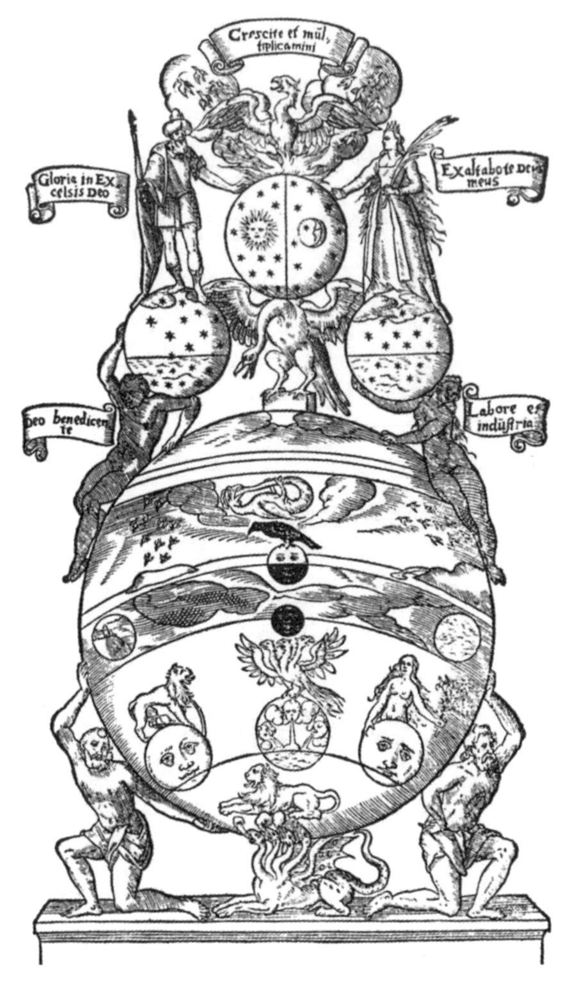

西欧炼金术士制造哲人石的概念图，最顶上的凤凰象征着可以重生的哲人石

过某种方法转换成黄金或其他贵金属，即所谓“点石成金”。在西方中世纪传说中，有一种神奇的石头，具有这种效果，被称为“哲人石”（Philosopher’s Stone）。只要获得了哲人石，就可以把普通金属转变成黄金，把普通药水转变成长生不老药。古代中国更为流行的则是炼丹术，所谓“丹”指的是长生不老的丹药。在中国道教理论

中，仙丹又分为内丹和外丹，内丹派主要讲究的是自我养生，而外丹派就是炼丹术，他们希望通过对自然物质的调和、提炼和运用，获得神奇的药效，帮助人体祛病延年、长生不老。

在我们今天看来，炼丹术和炼金术都是无稽之谈，但这并不是说历史上的炼金术士和炼丹术士毫无贡献。他们的追求和实践无意中帮助人类积累了很多重要的化学知识。正如我们前面提到的，许多古人的无心发现，恰恰成了我们认识元素世界的重要工具，有时甚至拓展了物质世界的边界。

例如，之前我们提到的汞元素，由于它非常独特的性质，一直是炼金术士们的心头好。他们观察到水银和硫黄结合成为丹砂，丹砂煅烧又重新得到水银。这一过程被古人认为象征着生命的消失与重现，也因此认为水银中含有神秘的生命元素。他们让丹砂和水银之间发生多次转变，制成所谓“九转丹”。术士们认为，既然水银可以保持自己的性质不变，那么如果人类把它吃下去，也就可以帮助自己的身体保持不变。但事实是服用了这些药物的术士们大多都中毒而死。正是由于他们付出了生命，才使后人对于汞元素的毒性有了准确认知。炼金术与炼丹术能走向现代科学的重要条件之一是，它们都重视客观实践，重视具体实验，而不仅仅是空谈与玄想。尽管早期走了一些弯路，但最终接近了真理的光辉。

人们在这样的具体实践中，逐渐积累和摸索到了很多化学知识，对于物质世界的组成及其变化规律有了新的认知。虽然点石成金没有实现，但人们发现了不同金属之间相互置换的方法。中国古人发现，“曾青得铁，则化为铜”，由此产生了湿法炼铜。西方术士试图蒸发尿液获得“哲人石”，却在冷凝器中找到了闪光的白色固体，这便是我们之前提到的磷元素的发现。

南宋《金液还丹印证图》中铅和汞的形象

说到底，就连今天英文中的化学一词 Chemistry，都来自阿拉伯文 Al-Kimiya，即“炼金术”。而这其中的 Kimiya，又有人推测是来自中国的“金液”一词，在唐朝，阿拉伯人聚居的泉州，“金液”即发音为 Kim-Ya。随着炼金术和炼丹术的成熟，现代化学也露出了曙光。

六

让化学成为一门科学

三、四还是五

自从人类开始理性思考世界和人的关系以来，对于组成世界物质本源的探索就没有停息过。在我们眼中，客观世界如此丰富多彩，但又似乎有着某种统一的规律，那么一个自然的问题就摆在古人面前：大千世界究竟是由什么组成的呢？

“元素”的英文 element，本来指的是基本、基础的构建。从物质世界的角度出发，对其组成方式可以有两种截然不同的想象：一种认为世界上的物质都各有组成方式，并没有通用的元素；另一种则认为，虽然物质表面上看起来千变万化，但是组成它们的基本单元仍然有相同的地方。事实说明，虽然前者看起来与直观经验更加符合，但只有后者才能解释更加深刻的客观事实，比如物质之间的相互转化。木头燃烧变成灰烬，除灰烬外的东西到哪里去了呢？水可以结成冰，冰可以化成水，它们到底是同一种东西吗？这些问题都不能用每个物质的特殊性来解释，它们之间一定有某种一般性，有某种共同的元素。

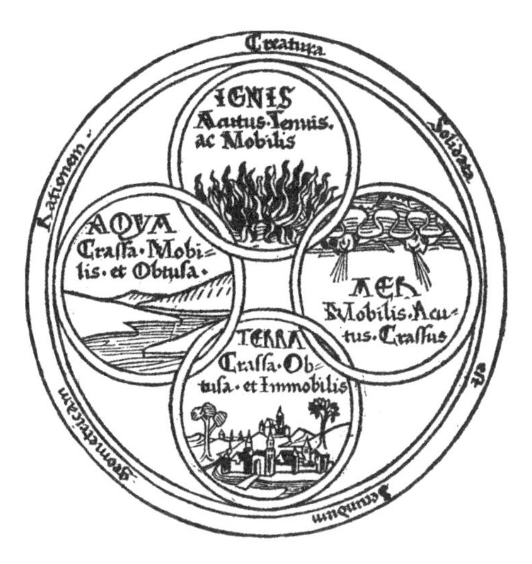

西欧古代的四元素图，上下左右依次为火、土、水、气

那么下一个问题就变成了元素到底有多少个？各自又有什么样的性质？对于这个问题的探索可以说构成了化学诞生之前的全部化学史。不同时代、不同文化、不同主张的人们，对这个问题给出了完全不同的答案。古希腊人泰勒斯认为，水是世界的本源。而他之后的赫拉克利特则认为，火才是世界的本源。泰勒斯的后代传人阿那克西美尼又提出基本的元素是气，通过凝结和浓缩可以变成其他元素。在他们学说的基础上，恩培多克勒又添加了一个土元素，指出世界的基本组成包括火、气、水、土四个元素。著名的哲学家柏拉图继承了他们的观点，并把四个元素分别对应到一种特殊的正多面体上，赋予了四元素以神秘的意义。他的学生亚里士多德为上述体系添加了一个“以太”元素，他认为“以太”是一种神秘的天上元素，组成星空和苍穹。

在东方，人们对这一问题的探索也经历了类似的历程。中国最古老的哲学著作《周易》中只有阴阳的概念，认为它们二者的对立

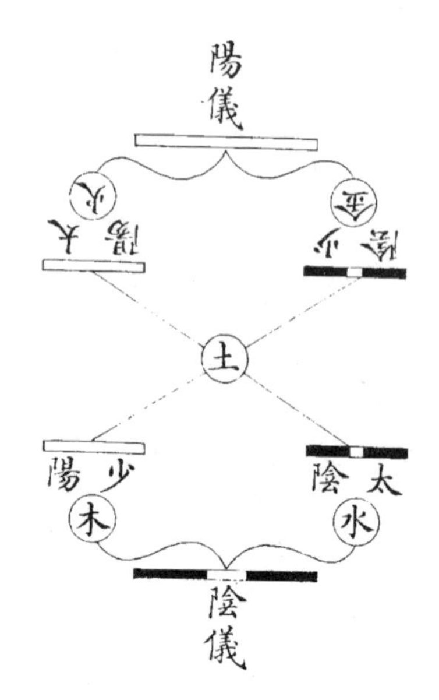

元代张理《易象图说》中的阴阳五行图（《摛藻堂四库全书荟要》本）

统一构成了整个宇宙。到了春秋、战国时期，五行观念开始流行，金、木、水、火、土五种基本元素被认为是构成世界万物的主要成分。在这一想法的基础上，中国古人进一步把世间万物都与五行建立起了联系，例如：天上有五大行星；地上有五个方向，即东南西北中；音乐有五声音阶，即宫商角徵羽；颜色有五种颜色，即红黄蓝白黑；等等。阴阳五行学说成为中国式的元素学说，在中国古代的世界观中占据着支配性的地位。

不过无论是四元素说、五元素说还是阴阳五行学说，其中的哲学意味都要大于实践意义。哲学家们只能抽象地告诉人们，每种元素都在具体物质世界中扮演着什么样的角色，但却没办法给出具体的代表。水、火、土的存在形状千变万化，到底哪种才是真正的纯净的水、火、土，难以定论。

随着炼金术和炼丹术的发展，术士们逐渐发现了一些“真正”具有元素特点的物质。在中国，铅和汞开始被道家炼丹者所关注。他们认为，铅象征着纯阳，而汞象征着纯阴。中医又把硫黄作为纯阳的代表。西方炼金术士们首先把硫和汞作为世界的本源，硫代表火的精华，汞代表水的精华，后来又在其中添加了盐作为第三个要素。16 世纪著名的炼金术士帕拉塞尔苏斯把硫、汞、盐学说应用到医学上，强调实证，反对空想，因此成为炼金术向化学研究转化过程中的重要人物。

无论是铅、汞还是硫，它们与水、火、土相比，都更加纯粹，从今天的视角来看，它们都是相应的元素单质，但古人还没认识到这一点。真正意识到“纯粹”的意义，就标志着作为科学的化学诞生了。

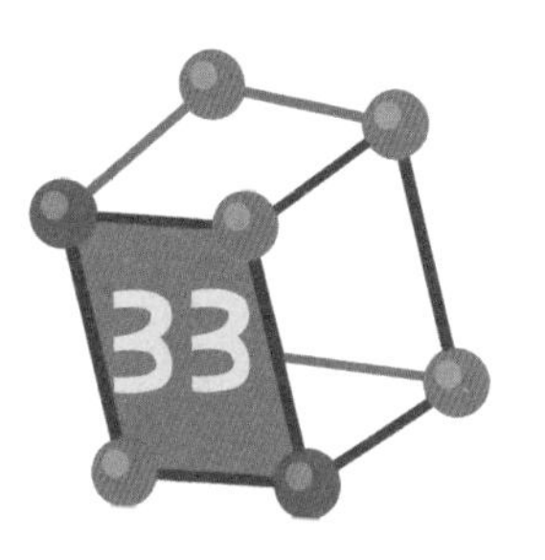

纯粹与组合

让我们回到丹砂和水银的案例中。设想我们是炼金术士，我们在丹砂和水银的转化过程中观察到了什么现象呢？首先是天然矿物丹砂的存在，它通体鲜红，没有办法用机械手段从中分离出杂质。但是如果我们在高温下加热它，就会发现它变成了银白色的液态金属水银。这时候，如果再把水银和硫黄放到一起，时间长了，水银和硫黄都消失了，重新又变成了鲜红色的丹砂。这就是炼金术士们观察到的现象。在这一过程中，到底谁能够被视为是真正的元素呢？

最早质疑炼金术士的“元素”概念的是英国化学家罗伯特·波义耳（Robert Boyle，1627—1691）。1661 年，他出版了《怀疑派化学家》（*The Skeptical Chemist*）一书，在书中，他把他讨论的元素定义为不能被物理或化学方法分解为更简单物质的便是元素的单质。这里所谓的“不能被物理或化学方法分解为更简单的物质”，意思是说我们穷尽我们手上的各种加热、燃烧、通电、搅拌等方法对这个物质进行操作，已经没有办法把它变成更简单的物质了，这时我们就认为，这个物质本身是某个元素的单质。如果回到前面丹砂的例子上来，水银和硫黄放到一起，变成了丹砂，这说明丹砂应当是由水银和硫黄两样物质组成的，所以不是元素。尽管丹砂也是一种纯净物质，但它只能被称为纯净的化合物，因为它是由两种元素组成的，而不是一种单独的元素。有可能成为元素的，应

THE
SCEPTICAL CHYMIST:
OR
CHYMICO-PHYSICAL
Doubts & Paradoxes,
Touching the
SPAGYRIST'S PRINCIPLES
Commonly call'd
HYPOSTATICAL;
As they are wont to be Propos'd and
Defended by the Generality of
ALCHYMISTS.
Whereunto is præmis'd Part of another Discourse
relating to the same Subject.

BY
The Honourable ROBERT BOYLE, Esq;

LONDON,
Printed by J. Cadwell for J. Crooke, and are to be
Sold at the Ship in St. Paul's Church-Yard.
M DCLXI

《怀疑派化学家》1661 年版封面

当是水银或者硫黄。当然，水银或者硫黄到底是不是元素，也还需要进一步的实验来证明。

波义耳提出这样的学说，有着重要的历史意义。在波义耳之前，无论是古代的哲学家还是像帕拉塞尔苏斯这样的炼金术士，都认为世界上的元素数量应当符合着某个特定的数字，比如三个、四个、五个或者七个。为了满足对数字的迷思，他们便采用了各种思辨甚至是玄学的方法去拼凑元素。波义耳指出，这种寻找元素的方法是错误的，我们不应当依靠想象来确定一个物质是不是元素，而应当回到实验中去，看它能不能被进一步分解，来确定这个物质到底是不是一种元素单质。这才能真正发现物质到底是不是纯粹的，而不是凭借我们的想象。波义耳的方法蕴含着这样的意思：元素的数目完全可以不是特定的数字，而可能有很多，甚至是无限个。这就为此后化学元素的大发现打开了大门。

在波义耳之前的时代，化学和炼金术还没有彻底切割开。在他之前，炼金术士研究元素问题，并不是为了科学目的，而是为了追求财富或者健康。但是波义耳指出，研究元素问题应当是要探求自然组成的奥秘，而不是追求世俗的动机。这就使化学学科从原始的迷信中脱胎出来，变成一门真正意义上的自然科学。波义耳是牛顿的同时代人，他只比牛顿大 15 岁，是英国皇家学会的发

波义耳画像

起人之一，牛顿当时是该学会的会员。因此，波义耳本人就是近代自然科学革命中的重要一员，这也是他能够推动化学走向自然科学的重要原因。

在波义耳的时代，化学知识很匮乏，人们对于世界物质的组成还不是很了解，充斥着许多迷信与想象，即使波义耳本人的学说中也有很多事实错误。但是，正如《怀疑派化学家》的书名暗示的那样，化学不应当是一门依靠教条和猜测的学科，而应当采用怀疑的思路，对过去的一切炼金术积累的知识进行系统的检查和分析。这种怀疑精神，正是近代自然科学最重要的标志之一。从这里开始，真正的化学研究从 18 世纪开始逐渐兴盛起来。

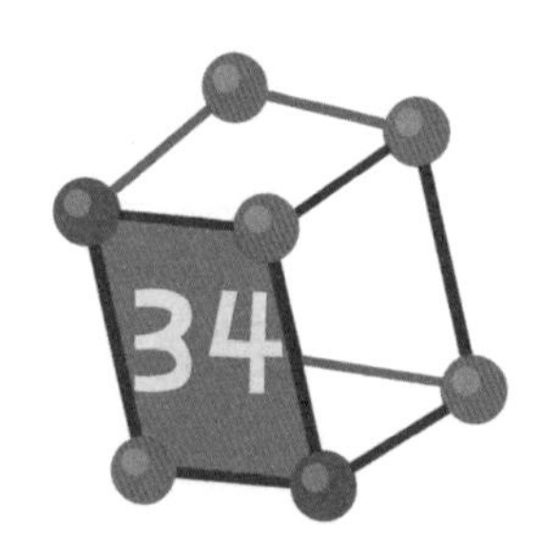

燃烧的秘密

燃烧是自人类有文明以来就发现的现象，对燃烧过程中火的迷恋，更是许多文明发展过程中的共同特点。西方神话中的盗火者普罗米修斯，中国传说中的火星与火神，都是对火的认识还不发达的古代人的想象。在朴素的元素观念形成后，火又不约而同地被东西方都确定为基本元素之一。然而当化学发展到了近代，人们逐渐意识到燃烧和火焰不过是物质变化中的一个过程，它们真正的成因远远没有被揭示。化学对于燃烧的研究持续了100多年，最终帮助化学建立起了自己的理论体系。

波义耳就曾对燃烧问题进行了仔细研究，他研究的对象是金属。他把铜、铁等金属放在火焰上加热，发现冷却后金属表面变得灰暗。当他对前后的物质进行称重时，发现在煅烧后金属的重量增加了。这个发现本来有助于他正确地发现燃烧的秘密，但他却因为对空气成分并不了解，而与之失之交臂。波义耳沿袭了传统的看法，认为火是一种元素，因此，他认为燃烧过程是燃料中的火微粒和金属相互结合，变成了金属燃烧之后的灰烬。

贝歇尔著作的内封面

在波义耳之后，其他化学家也参与到对燃烧过程的研究中来。德国的贝歇尔（Johann Joachim Becher，1635—1682）继承了帕拉塞尔苏斯的三元素观点，认为一般的固体中应当含有三种成分：油土、石土和汞土，相当于帕拉塞尔苏斯的硫元素、盐元素和汞元素。贝歇尔认为，燃烧过程中正是油土发挥了主要作用，物质燃烧就是其中的油土逃逸出来的过程。1703年，贝歇尔的晚辈斯塔尔（Georg Ernst Stahl，1659—1734）将油土重新命名为燃素，并用燃素解释了更多化学现象。斯塔尔认为一切物质中都含有燃素，正是燃素构成了火焰。在燃烧和锻造的过程中，燃素在物质之间发生转移，而且生命的氧化、呼吸、分解等活动也是燃素发挥了主要作用。

燃素学说建立在非常直观的基础上。我们通常点燃树枝、木炭、纸张等可燃物，燃烧完后只剩下少量灰烬，应当是其中有什么成分逸散到空气中去了。因此燃素说认为，可燃物质能够燃烧，正是因为燃素的溢出和分解，燃烧过程就是可燃物质中燃素释放的过程。释放了燃素后，可燃物质只剩下灰烬，而不可燃烧的石头，正是因为其中很少含有燃素。因此，燃素说把燃烧过程解释为：

可燃物质 ⇒ 燃素 ＋ 灰烬

斯塔尔的燃素学说很快被化学界认可，并被用来解释其他很多化学现象，逐渐构成了一个完整的体系。例如金属的冶炼和锻造过程，便被解释成金属煅烧变成的灰色物质是金属失去了燃素之后留下的灰烬，与矿石的组成类似。而把这些灰烬与木炭放在一起共同冶炼，它可以吸收木炭冶炼过程中释放出来的燃素，从而重新变成金属。这样就解释了冶金过程中，用木炭与天然矿石相互焙烧而得到金属的过程。同时燃素学说还可以用来解释生命现象，植物的残骸（干枯的草木）、动物的身体（如各种脂肪）都可以燃烧，这说明生物体内也含有大量的燃素。食草动物吃植物、食肉动物吃其他动物，正是需要摄入燃素的缘故。人的呼吸实际上也是一个不断排出燃素的过程，相当于我们把吃进去的食物在身体里进行燃烧，而燃烧过程正是排出了燃素。

既然燃素学说在解释世界的问题上取得了如此多的成功，人们自然会探讨这些问题：燃素到底是什么呢？如何才能发现燃素呢？按照燃素学说，金属是由燃素和灰烬组成的，如果能把金属中的灰烬分离开，不就可以发现燃素了吗？1766 年，英国著名科学家亨利·卡文迪许（Henry Cavendish，1731—1810）做了这样一个实验。他把铁片放到稀硫酸里，发现铁片溶解在硫酸中，同时放出大量气体。把这些气体收集起来后，在空气中尝试点燃它们。卡文迪许认为，这些能被点燃的气体正是燃素本身：金属和酸反应，灰烬在溶液中溶解，而放出的气体能燃烧，自然就是燃素。一切都那么符合燃素学说的预测。

铁 ＋ 酸 ⇒ 燃素 ＋ 灰烬

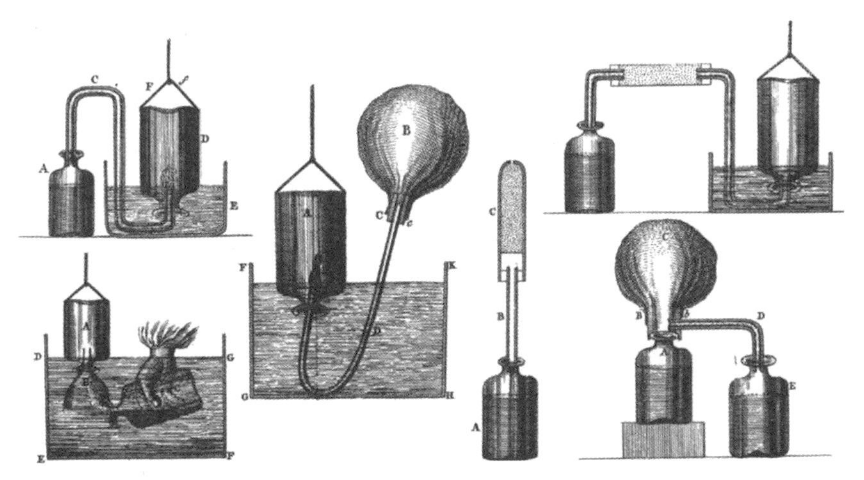

卡文迪许所用的实验装置图

然而，燃素学说有一个始终没法解决的问题。让我们回到最开始波义耳所做的金属煅烧实验，在煅烧金属的过程中，金属的质量不是减少而是增加的。如果按照燃素学说，金属是由燃素和灰烬组成的，那么在煅烧过程中，燃素从金属中逸出，留下了灰烬，那质量应该是减少的才对。为了弥补这一缺陷，一些燃素学说的主张者又提出燃素具有负的质量。但是负质量的假说，又和卡文迪许的发现不相符。卡文迪许发现的气体虽然质量很轻，但仍是具有正的质量。这个问题看似不大，但却在不远的未来使燃素说发生了颠覆性的变化。

拉瓦锡的天平

卡文迪许发现的气体最初确实让燃素学说的支持者为之兴奋，因为卡文迪许发现，如果把这种气体充进气球里，气球在空气中会徐徐上浮，这不正是燃素具有负质量的体现吗？然而通过精密的实验，他发现，并不是由于这种气体具有负的质量，而是由于这种气体的密度比空气要小，因此就像水中的木板一样，会在空气中上浮。卡文迪许还发现，点燃这种气体后会得到水珠。据此，燃素说又作出了这样的解释：这种气体是燃素和水的结合物，通过燃烧放出燃素后，剩下的便是水。

问题似乎得到了解决。但是另一种新气体的发现，再次挑战了燃素学说。1773 年，瑞典化学家卡尔·舍勒（Carl Wilhelm Scheele，1742—1786）发现，在坩埚中加热硝石，会放出一种气体，这种气体能够强烈地帮助燃烧。同年，英国化学家约瑟夫·普里斯特利（J.Joseph Priestley，1733—1804）也有一个类似的发现，他把汞灰装在玻璃器皿中，用凸透镜加热，发现它同样产生一种能够帮助燃烧的气体。汞灰是人们把水银放在空气中煅烧得到的物质，按照燃素学说的理论，它应是水银失去了燃素之后的灰烬。普里斯特利认为，继续加热这灰烬得到的气体应当完全不含有燃素，因此把它命名为

普里斯特利所用的实验装置图

"脱燃素空气"。在这种想法下，普里斯特利用燃素学说解释这种气体的助燃现象：正是由于这种气体完全不含燃素，因此它非常倾向于夺得别的物质中的燃素，这样就使燃烧现象在它当中容易发生。

普里斯特利还做了很多其他与"脱燃素空气"相关的实验。例如，他把蜡烛放在其中燃烧，发现火焰非常明亮；又把小鼠丢在"脱燃素空气"中，发现小鼠活动依旧；他自己尝试呼吸了"脱燃素空气"感觉非常畅快。我们今天知道，他发现的就是氧气。但是由于被燃素学说局限，他并没有意识到自己做出了多么重要的发现。真正给上述物质作出正确命名并建立了燃烧理论的科学家，是法国的化学家安托万—洛朗·拉瓦锡（Antoine-Laurent de Lavoisier，1743—1794）。

拉瓦锡很早就关注到燃烧现象，不过他研究这个问题的方法与燃素学说的支持者完全不同。他并非简单地观察物质在燃烧过程中的变化，而是使用天平定量分析燃烧过程中物质的质量，这也让他掌握了最终解决这个问题的钥匙。拉瓦锡首先做了这样一个实验：把金属放在密闭的容器中加热煅烧，加热前后整个容器的重量并没有增加。但一打开容器，使空气进入其中，就会观察到与波义耳同样的结果：金属的重量增加了。拉瓦锡正确地指出：空气中的某种物质与金属相互结合，变成了灰烬，而不是像燃素学说预测的那样恰好相反。不过，他当时还不知道这种气体是什么。

1774 年，普利斯特利来到法国巴黎，见到了拉瓦锡，并告诉了他自己"脱燃素空气"的实验结果。拉瓦锡立刻敏锐地意识到，这种"脱燃素空气"很可能就是他正在寻找的与金属结合变成灰烬的

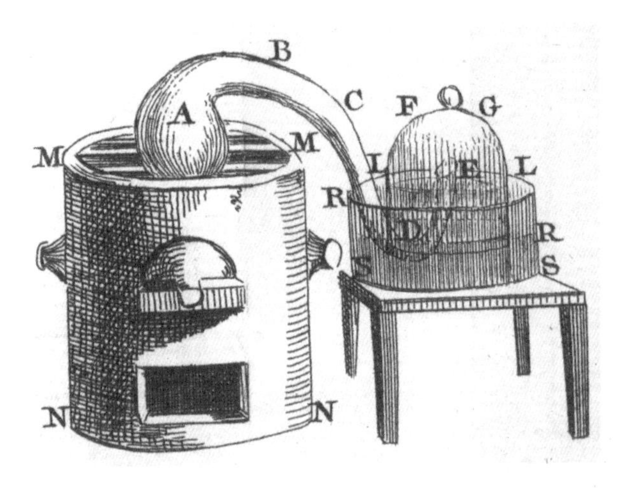

拉瓦锡煅烧汞灰并发现氧气的实验装置

气体。他很快重复了普利斯特利的实验，并得到了相同的结果——加热汞灰可以得到一种帮助燃烧的气体。他认为这种气体正是燃烧过程中最重要的元素，他将其命名为氧（Oxygen，意思是酸“oxy”的基础“gen-”）。

1777 年，拉瓦锡正式向科学院报告他的燃烧理论：燃烧过程是物质和氧发生相互作用的过程。燃烧过程中，物质与氧相互结合，形成了氧化物，因此质量是增加的。而木炭燃烧过程中是碳元素与氧元素结合的过程，最终生成的二氧化碳是气体，因此留下的灰烬质量是减少的。氧化物溶解到水中，就可以形成酸。整个过程不需要燃素的出现，也就在事实上否定了燃素的存在。这就把被燃素学说颠倒了的燃烧理论重新扭转了回来。

拉瓦锡的理论提出后，燃素学说的支持者当然立刻反对。那么既然燃素不存在，卡文迪许发现的可以点燃的气体又是什么呢？

拉瓦锡自然也注意到这一点，但是他同时也意识到，卡文迪许

油画《拉瓦锡和拉瓦锡夫人》（1788）

的实验揭示了这种气体在空气中燃烧，得到的是水。既然已经证明燃烧过程是物质的氧化过程，那么这个过程，一定是上述可燃性气体与空气中的氧气发生结合生成水的过程。换句话说，水不是一种元素，而是一种化合物。拉瓦锡的这一观点，打破了2000多年以来人们都把水看作一种基本元素的错误观点。随后，拉瓦锡又通过实验证明，把水蒸汽经过灼热的钢管，可以分解成卡文迪许发现的气体和氧气，这就再次充分说明，水是一种化合物。拉瓦锡把卡文迪许发现的气体重新命名为氢（Hydrogen，希腊文“Hydro-”水和“gen-”基础）。

氢气 ＋ 氧气 ⇒ 水

拉瓦锡更重要的贡献在于，他用天平的方法验证了化学变化过程中的质量守恒定律。他指出，在化学变化过程中，只是物质的组成和比例发生了变化，但是整个体系的质量并没有发生变化，元素的种类和数量也没有发生变化。这便是不同物质之间相互转换的根本规律。例如在上述汞灰加热分解成水银和氧气的过程中，汞元素和氧元素的质量，加起来就等于分解前汞灰（实际上是氧化汞）的质量。在氧化汞中存在着的，依然是汞元素和氧元素，只不过它们以新的形式结合起来了。

氧化汞 ⇒ 汞 ＋ 氧气

质量守恒定律的发现，使炼金术追求的点石成金的梦想彻底破灭，告诉人们不同元素之间不能通过化学方法相互转变，并让化学走上了定量发展的道路。

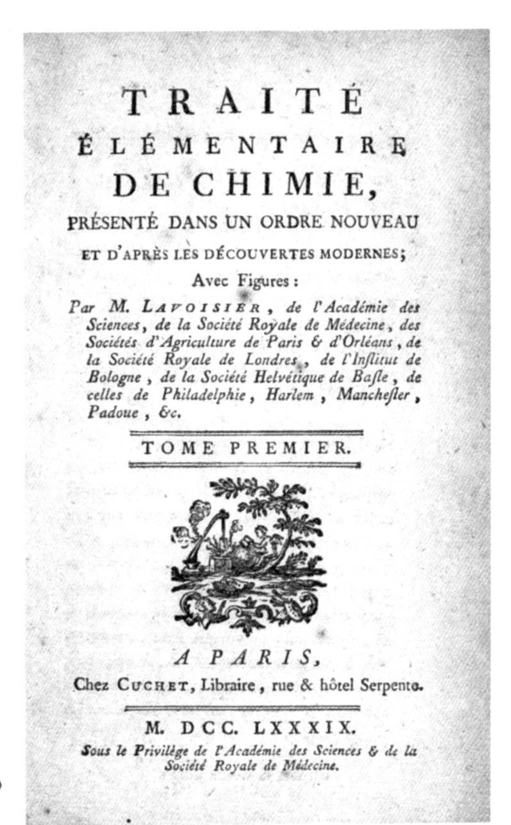

TRAITÉ
ÉLÉMENTAIRE
DE CHIMIE,
PRÉSENTÉ DANS UN ORDRE NOUVEAU
ET D'APRÈS LES DÉCOUVERTES MODERNES;
Avec Figures :
Par M. LAVOISIER, de l'Académie des Sciences, de la Société Royale de Médecine, des Sociétés d'Agriculture de Paris & d'Orléans, de la Société Royale de Londres, de l'Inſtitut de Bologne, de la Société Helvétique de Baſle, de celles de Philadelphie, Harlem, Mancheſter, Padoue, &c.

TOME PREMIER.

A PARIS,
Chez CUCHET, Libraire, rue & hôtel Serpente.

M. DCC. LXXXIX.
Sous le Privilège de l'Académie des Sciences & de la Société Royale de Médecine.

拉瓦锡的《化学基础论》
1789 年版封面

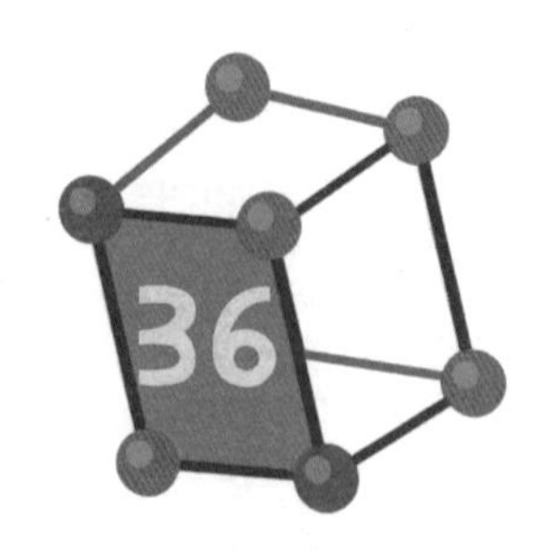

回到微粒

拉瓦锡的理论为宏观化学研究指明了发展方向。随之而来的问题是：元素与它们的化合物是如何组成的？在微观上，拉瓦锡的质量守恒定律又如何解释呢？对这些问题的彻底解答，催生了新原子论的诞生。

既然有新原子论，那么自然也就有旧原子论。在本书的一开始就曾提到，古希腊的德谟克利特曾经认为所有物质都是由非常细小的微粒组成的，他把它们称为原子。但是，德谟克里特的假说在2000多年的时间中，从未得到过验证，一直是哲学家的想象。

近代自然科学诞生后，原子论重新为人们所重视。牛顿就曾对原子论中的微粒学说进行了改造和吸收，将其用于解释光学现象。在17、18世纪，光的微粒说盛行一时。与之相类似的，当时的物理学家和化学家也提出了很多类似的微粒学说，例如，热也被视为一种微粒。在拉瓦锡所列的元素清单中，排在前两位的就是光和热。然而拉瓦锡由于在法国大革命的雅各宾派专政时期，被错误地判处死刑，过早地离开人世，没有来得及发展化学的基本理论。

然而旧原子论和微粒说都没有很好地解决微粒性质的问题。由于缺少微观观测手段，显微镜并不能看见物质的微粒组成，人们对于物质的原子有着很多荒诞不经的想象。例如，人们猜测水的微粒具有光滑的形状和外表，相互之间可以滑动，而铁的微粒则长满尖角，因此彼此之间相互卡住不能错动。微粒说想用这样的方法来解释水的流动性和铁的固定性，这又重新陷入无法实证的泥潭。为了给原子论提供科学的基础，1803 年，英国化学家约翰·道尔顿（John Dalton，1766—1844）在旧原子论和微粒学说的基础上正式提出了新原子论，后来他将自己的学说总结为《化学哲学新体系》一书。

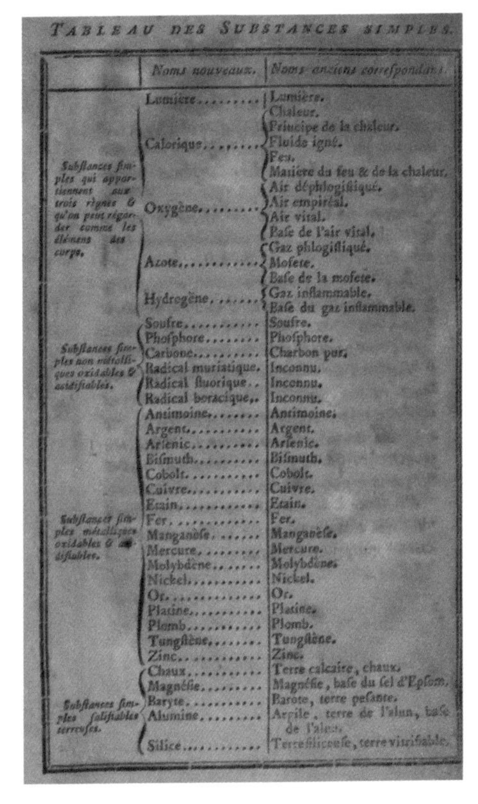

TABLEAU DES SUBSTANCES SIMPLES.

	Noms nouveaux.	Noms anciens correſpondans.
Subſtances ſimples qui appartiennent aux trois règnes & qu'on peut regarder comme les élémens des corps.	Lumière	Lumière.
	Calorique	Chaleur. Principe de la chaleur. Fluide igné. Feu. Matière du feu & de la chaleur.
	Oxygène	Air déphlogiſtiqué. Air empiréal. Air vital. Baſe de l'air vital.
	Azote	Gaz phlogiſtiqué. Mofete. Baſe de la mofete.
	Hydrogène	Gaz inflammable. Baſe du gaz inflammable.
Subſtances ſimples non métalliques oxidables & acidifiables.	Soufre	Soufre.
	Phoſphore	Phoſphore.
	Carbone	Charbon pur.
	Radical muriatique.	Inconnu.
	Radical fluorique	Inconnu.
	Radical boracique	Inconnu.
Subſtances ſimples métalliques oxidables & acidifiables.	Antimoine	Antimoine.
	Argent	Argent.
	Arſenic	Arſenic.
	Biſmuth	Biſmuth.
	Cobolt	Cobolt.
	Cuivre	Cuivre.
	Etain	Etain.
	Fer	Fer.
	Manganèſe	Manganèſe.
	Mercure	Mercure.
	Molybdène	Molybdène.
	Nickel	Nickel.
	Or	Or.
	Platine	Platine.
	Plomb	Plomb.
	Tungſtène	Tungſtène.
	Zinc	Zinc.
Subſtances ſimples ſalifiables terreuſes.	Chaux	Terre calcaire, chaux.
	Magnéſie	Magnéſie, baſe du ſel d'Epſom.
	Baryte	Barote, terre peſante.
	Alumine	Argile, terre de l'alun, baſe de l'alun.
	Silice	Terre ſiliceuſe, terre vitrifiable.

拉瓦锡的元素列表

道尔顿首先抛弃了那些微粒具有不同形状的想象。他通过总结过去气体实验的结果发现，不同种类的气体在相同的温度下、占据相同的体积时，给器壁造成的压强是相同的，但是它们的质量彼此不同。气体的压强相同，说明它们的微粒与容器壁之间的相互作用是相同的，但气体的质量彼此不同，说明不同气体微粒的质量也彼

道尔顿画像

此不同。因此，微粒的质量是区别不同物质的重要标志。同样是气体，如氢气和氧气，由于微粒质量不同，即使同样的体积、含有相同的微粒个数，但整体质量也不相同。据此道尔顿指出，元素的原子应当具有一个唯一的质量，不同元素的原子质量是不相同的。为了方便描述和记录，道尔顿使用了圆圈中间加上不同记号的方法来标注他当时所认识的化学元素。这一论断，就把拉瓦锡的质量守恒定律落实到了微观层面。

道尔顿还发现，不同元素之间相互组合成新物质并不是随机的，而是遵循着数量的规律，他称之为定比定律。氢气和氧气燃烧生成水的反应，永远是两个体积的氢气与一个体积的氧气，相互化合生成两个体积的水蒸气。道尔顿认为，这种现象反映了元素之间相互组合成化合物时，应当具有一定的数字比例，这一性质也是由元素的原子本身所具有的。今天我们把这种元素之间相互化合的数目称作化合价。定比定律揭示了化合物组成的必然要求，为化学家鉴定和分离物质提供了必要的依据。

更重要的是，根据定比定律可以确定不同元素原子的相对质量大小。道尔顿认为，元素的原子太小，以至于没办法捕捉到，从而不能精确测定它们的质量。但是可以通过元素单质之间相互化合的关系，来确定它们的质量比，从而获得它们之间的相对质量大小。后来人们把这些相对质量称为元素的原子量。测定原子量成为新原子论提出后的重要工作。

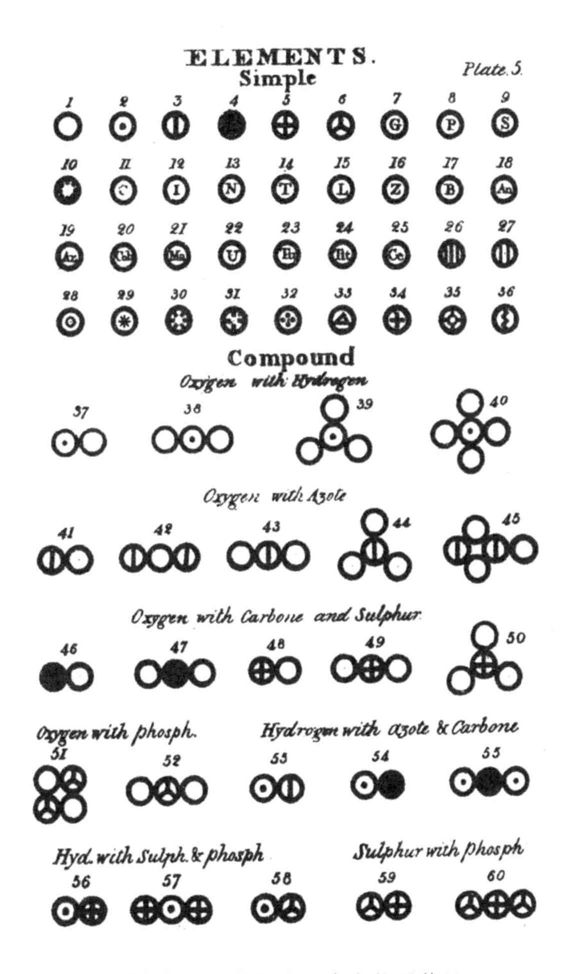

道尔顿所用的部分元素和物质符号

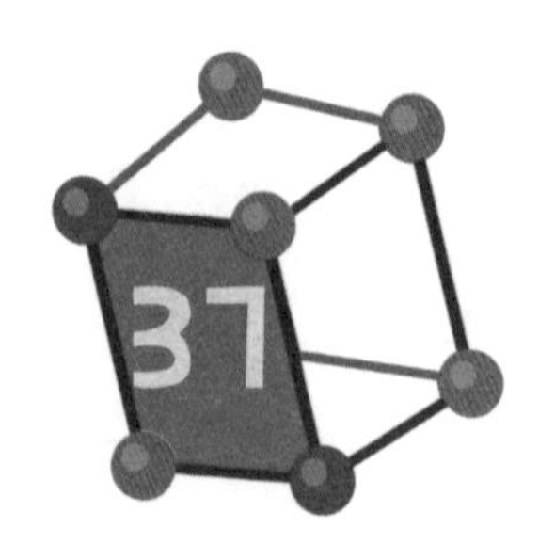

给原子称重

道尔顿提出了正确的新原子论基础，但他对原子量的测定却是错漏百出的。这其中固然有当时实验条件不够精确的限制，但也有一些错误认识。主要的问题在于，单凭质量的数据，人们无法判断两个元素化合成为新物质时的原子比例。例如，我们可以知道水银和硫结合成丹砂（实际上是硫化汞）各自的质量，但在硫化汞中，有几个硫原子、几个汞原子，依然是不知道的。道尔顿在这里作了一些相当武断的假设，比如他坚持认为，两个元素相互化合时，如果只得到一种物质，就只能假定它们是按 1∶1 的比例相互结合。因此他认为氢气和氧气燃烧得到的水，应当含有一个氧原子和一个氢原子。由于在燃烧反应中，二者的质量比是 7∶1，道尔顿因此认为氧原

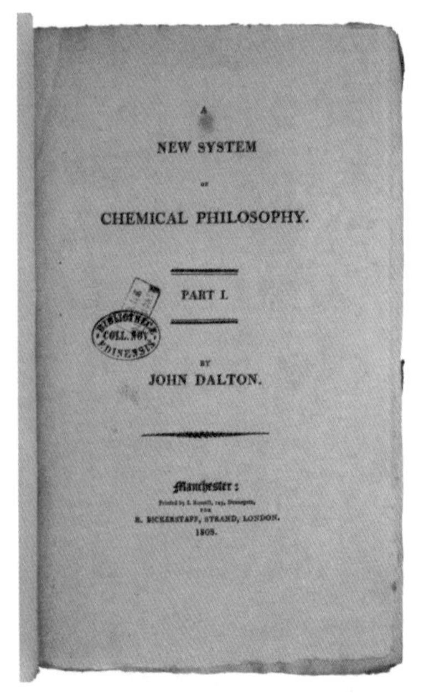
A
NEW SYSTEM
OF
CHEMICAL PHILOSOPHY.

PART I.

BY
JOHN DALTON.

Manchester:
[illegible]
FOR
R. BICKERSTAFF, STRAND, LONDON.
1808.

《化学哲学新体系》（第一卷）1808 年版封面

子和氢原子的质量比也是 7∶1。

然而，道尔顿在《化学哲学新体系》中也指出，水总是由两体积的氢气和一体积的氧气结合而成。这本身就暗示，在最后形成的水中应当有两个氢原子和一个氧原子。道尔顿忽视了原子比例的问题，结果导致把氧原子的比重估计得过小。实际上，如果考虑到在燃烧反应中消耗的氢原子的数量是氧原子数量的 2 倍，那么氧原子和氢原子的质量比就不是 7∶1，而应当是 14 ∶1。这一数值就更接近今天我们测定的数值 1∶16 了。

在测定原子量的过程中，瑞典化学家雅各布·贝采利乌斯(Jöns Jakob Berzelius，1779—1848）发挥了重要的作用。贝采利乌斯首先指出，道尔顿对于元素之间相互化合的数目限制是过于武断的。他认为按照气体的体积比例来确定元素的原子比例是合适的，而不应当直接假定两种元素组成的化合物都是 1∶1 的结合。同时他认为氧元素能够和绝大多数元素都形成稳定的化合物，为方便进行原子量的测量，他决定采用氧元素作为基准，把氧元素的原子量定为 100，其他元素的原子量都与氧元素相比。这一标准沿用了 100 多年。在上述原则下，利用精准的实验测定方法，

贝采利乌斯画像

贝采利乌斯研究了2000多种化合物和单质的质量，对当时已知的50种元素测定了原子量，数值大多与今天测定的相差无几。

同时，贝采利乌斯还对化学理论和化学符号有着很大贡献。道尔顿的新原子论只是指出了原子之间相互化合具有固定的数目，但却没有指出这种化合到底意味着什么。贝采利乌斯在当时电磁学和电化学的启发下，提出了电化二元论。他认为不同元素的原子，具有不同的电性，有的原子带有正电，有的原子带有负电。元素的原子之间相互化合，就是由于它们所带电性不同、相互吸引的结果，这被称为电化二元论。电化二元论就可以解释为什么有些元素之间能够结合成化合物，而有些元素之间不能结合成化合物。此外，贝采利乌斯还改革了道尔顿的元素符号。他提倡使用拉丁字母的缩写来代表元素，这成为今天化学界通用的范本。

然而按照气体体积来确定原子比例的方法仍然有局限性。法国科学家盖·吕萨克（Joseph Louis Gay-Lussac，1778—1850）认为，相同体积的气体含有相同数量的原子数，这就可以解释水的组成：

2 氢原子 + 1 氧原子 ⇒ 水

但是道尔顿反驳说，实验中也观察到这样的反应：一体积的氧气与一体积的氮气生成两体积的氧化氮：

1 氧气 + 1 氮气 ⇒ 2 氧化氮

如果相同体积的气体都含有相同数量的原子的话，上述反应意味着一个氧原子和一个氮原子生成了两个氧化氮，也就是说，一个氧化氮中就只能含有半个氧原子和半个氮原子。这无论如何是不可能的，这个问题困扰了化学界半个世纪。要想解决这个矛盾，就需要引入分子的概念。

分子：原子的组合

其实要想调和道尔顿和盖·吕萨克的观点，只需要作一个小小的假设：那就是在氮气和氧气中存在的并不是单个的氮原子或氧原子，而是两个氮原子或两个氧原子组合成的新的粒子，这样实际的效果就变成了下面这种形式：

氮原子 ×2 ＋ 氧原子 ×2 ⇒ 2 氧化氮

这时候，每个氧化氮分子中就含有一个氮原子和一个氧原子，不存在半个原子的问题。进一步地，这种假设启发我们思考，在元素的单质或者是化合物中，能够独立存在的似乎并不是单个的原子，而是由原子紧密结合成的一种新的小微粒，这种微粒具有相应物质

阿伏伽德罗画像

的性质。这便是 1811 年意大利化学家阿莫迪欧·阿伏伽德罗（Amedeo Avogadro，1776—1856）正式提出的分子假说。

阿伏伽德罗把上面这种由原子紧密结合而成的小微粒称作分子（molecule，来自拉丁文 molecula，意思是“成块的物质”），他认为分子才是物质组成的基本单元。在盖·吕萨克的实验中，应当是相同体积的气体在相同温度和压力下具有相同数目的分子，而不是原子。分子可以通过化学手段，变成另外的分子，但其中的原子不会改变，只是发生了重新组合。而一般的物理手段，比如蒸发和凝聚，都不能改变分子的本质。

然而，正确的分子假说却遭到化学界的冷遇，其中有复杂的原因。阿伏伽德罗假定在氢气、氧气、氮气中都存在两个原子组成的分子，这种方式与贝采利乌斯的电化二元论格格不入。电化二元论指出，原子能够相互结合，靠的是正负电荷相互吸引，而同种原子应当带有相同的电荷，怎么可能相互吸引呢？阿伏伽德罗提不出解决这一问题的方法。事实上要想真正理解双原子分子的构成，要等到 100 年后量子力学产生，才能够给予正确的解释，当时的人们不可能提出有价值的理论。因此，尽管阿伏伽德罗本人反复呼吁，还有著名的物理学家安培等人也独立地提出了分子假设，但始终没有受到主流化学界的认可。

由于分子概念不明确，导致 19 世纪上半叶原子量的测定和化学物质的命名，逐渐陷入大规模的混乱。尤为麻烦的是，作为原子量测定标准的氧元素，它的单质本应是双原子分子，却长期得不到正视。因此与之相关的很多元素原子量测定相互矛盾，至于很多新发现的化学物质的组成和原子比例，更是莫衷一是、五花八门，很难找到定论。1860 年，在德国卡尔斯鲁厄召开的国际化学家代表大会上，意大利化学家康尼查罗（Stanislao Cannizzaro，1826—1910）重新散发了一份介绍阿伏伽德罗分子假设的文件，系统性地分析了化学界面临的困难和阿伏伽德罗假设的正确性，并很快获得了国际化学界的认可。但是，这时阿伏伽德罗已经去世 4 年了。

	Simboli delle molecole dei corpi semplici e formule dei loro composti fatte con questi simboli, ossia simb. e form. rappresentanti i pesi di volumi eguali allo stato gassoso		Simboli degli atomi de'corpi semplici, e formule dei composti fatte con questi simboli		Numeri esprimenti pesi corrispondent
Atomo dell'idrogeno . . .	$\mathfrak{H}^{1/2}$	=	H	=	1
Molecola dell'idrogeno . .	$\mathfrak{H}$	=	H^2	=	2
Atomo del cloro	$\mathfrak{Cl}^{1/2}$	=	Cl	=	35,5
Molecola del cloro. . .	$\mathfrak{Cl}$	=	Cl^2	=	71
Atomo del bromo	$\mathfrak{Br}^{1/2}$	=	Ar	=	80
Molecola del bromo . . .	$\mathfrak{Br}$	=	Br^2	=	160
Atomo dell' iodo	$\mathfrak{I}^{1/2}$	=	I	=	127
Molecola dell'iodo. . . .	$\mathfrak{I}$	=	I^2	=	254
Atomo del mercurio . . .	$\mathfrak{Hg}$	=	Hg	=	200
Molecola del mercurio . .	$\mathfrak{Hg}$	=	Hg	=	200
Molec. dell'acido cloridrico	$\mathfrak{H}^{1/2}\mathfrak{Cl}^{1/2}$	=	HCl	=	36,5
Mol. dell'acido bromidrico.	$\mathfrak{H}^{1/2}\mathfrak{Br}^{1/2}$	=	HBr	=	81
Mol. dell'acido iodidrico .	$\mathfrak{H}^{1/2}\mathfrak{I}^{1/2}$	=	HI	=	128
Mol. del protocl. di merc.	$\mathfrak{Hg}\mathfrak{Cl}^{1/2}$	=	HgCl	=	235,5
Mol. del protobr. di merc.	$\mathfrak{Hg}\mathfrak{Br}^{1/2}$	=	HgBr	=	280
Mol. del protoiod. di merc.	$\mathfrak{Hg}\mathfrak{I}^{1/2}$	=	HgI	=	327
Mol. del deutoclor. di merc.	$\mathfrak{Hg}\mathfrak{Cl}$	=	$HgCl^2$	=	271
Mol. del deutobr. di merc.	$\mathfrak{Hg}\mathfrak{Br}$	=	$HgBr^2$	=	360
Mol. del deutoiod. di merc.	$\mathfrak{Hg}\mathfrak{I}$	=	HgI^2	=	454

康尼查罗在卡尔斯鲁厄大会上展示的正确原子量和分子量表格

阿伏伽德罗的方法实际上给出了测定原子量的正确路径，即应当首先测定分子量。由于相同体积的气体，在相同温度和压力下，应当具有相同数目的分子，这时比较不同气体的质量（相当于比较它们的密度），就可以得到它们之间的相对分子质量。例如，相同体积的氢气和氧气的质量比是 1∶16，这就说明氢分子和氧分子的质量比是 1∶16，如果以氢分子作为标准，氧分子的相对分子量就是 16。如果想知道某种元素具体的原子量，还需要通过它的化合物分子量进行综合判断。在分子假设的基础上，化学物质之间正确的定量关系终于逐渐被确立起来。

如果说原子假设经过了 2000 多年的发展才被人们所认可，那么分子假设从提出到接受这 50 年的历程似乎并不那么漫长。但请不要忘记，原子假设是数千年中最优秀的思想家德谟克里特、牛顿、拉瓦锡、道尔顿彼此接力的结果，而分子假设几乎是阿伏伽德罗一个人单枪匹马得到的结果。科学史上，天才的创见往往领先于时代，结果反而得不到当时的认可，这也许属于历史的某种遗憾吧。

七

元素大发现

电的威力

新原子论的提出带动了化学家研究和发现元素的热潮。道尔顿在《化学哲学新体系》第一部分中只列出了20种元素，后来又扩充到36种。许多新元素就是在他的新原子论提出后，被化学家们发现和确证的。

要想从化合物中鉴别出元素的单质，最重要的工作就是利用各种物理、化学方法把化合物中的不同元素原子给分离开。在19世纪前，最主要的化学手段是加热。例如加热丹砂获得水银和硫黄，加热氧化汞获得氧气，等等。但这种方法有它自己的局限性。很多化合物在加热时并不能分解得到单质，而是分解得到别的化合物。比如，人们从山里开凿出的块状石灰石，经过煅烧变成了粉末状的生石灰，但无论再怎么加热，生石灰都不会进一步分解了。道尔顿和当时很多化学家一样，认为石灰是一种元素，将其归入土类。但是拉瓦锡已经猜测，石灰是氧化物，因为它已经不能再和氧发生作用了，说明内部应当含有足够的氧原子。与之相似的还有很多碱性化合物，例如从苏打中得到的苛性苏打和从草木灰中得到的苛性锅灰。

它们与生石灰一样，溶解在水中会使溶液变得滑腻，能够吸收二氧化碳气体，并且与酸的溶液发生中和。

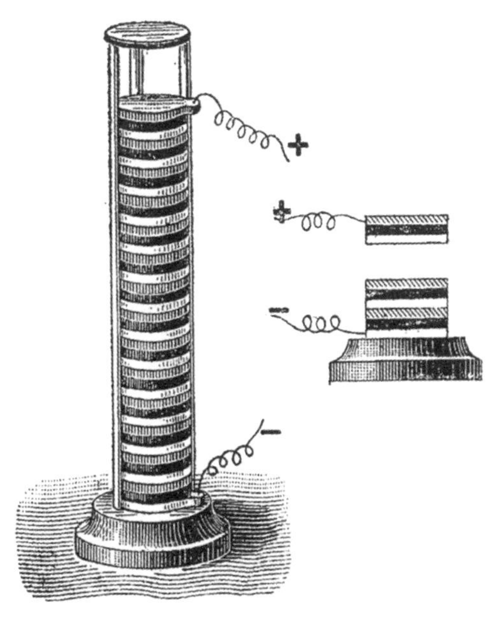

伏打电堆的装置图

要想从土质中分离出基本元素，化学家必须借助新的工具。这时，在自然科学的另一个学科，物理学家们发明了电池。1800 年，意大利物理学家伏打[①]（Alessandro Volta，1745—1827）发明了一种可以获得稳定连续电流的装置，他称之为伏打电堆，这就是我们今天所用的电池的雏形。很快，伏打电堆在欧洲各地的科学界中流行开来。英国化学家们首先使用伏打电堆对水进行研究，他们发现如果给水通上直流电，就会在阳极得到氧气，阴极得到氢气，并且得到的氢气与氧气的质量之和恰好是消耗掉的水的质量。由于之前化

① 又译作“伏特”。

学家们已经知道水是由氢气和氧气化合而成的，给水通电的实验实际上就是用电把水分解开，这一过程被称为电解。

既然水都可以通过电解的方式被分解成单质，那么其他化合物也很有可能通过电解的方式被分解成单质。系统地实践这一想法的是英国化学家汉弗里·戴维（Humphry Davy，1778—1829）。1806年，戴维在进行了对不同水溶液电解现象的研究后指出，“物质中的各元素无论其天然电力有多强，都不可能没有限度。人造仪器的力量似乎可以无限增大，因此电解可以帮助我们发现物质中真正的元素。”在这一思路的指引下，他开始对苛性苏打和苛性锅灰进行研究。

戴维首先尝试电解苛性苏打和苛性锅灰的饱和溶液，但实验的结果是只生成了氢气和氧气。这说明在电解过程中，只有溶液中的水被分解了，而苛性苏打和苛性锅灰并没有发生变化。接下来，很自然的想法就是不用它们的水溶液，而用它们的固体进行电解。但是苛性锅灰的固体并不导电，戴维把它加热到熔融，然后通电，结果发现在电极附近出现了燃烧很旺的火苗，但却没有观察到新元素。

戴维分析，很有可能是新的元素在温度很高的情况下，与空气中的氧气发生反应，形成了火苗。他第三次改进了实验办法，把苛性锅灰的固体放在空气中，让它表面微微湿润，这样就既可以导电，又不至于温度太高。当戴维把白金导线接到这样的固体上时，很快发现在阴极产生了富有金属光泽、像水银一样的液滴，并且它们会在空气中迅速燃烧。这一现象让戴维当场高兴地跳起舞来！

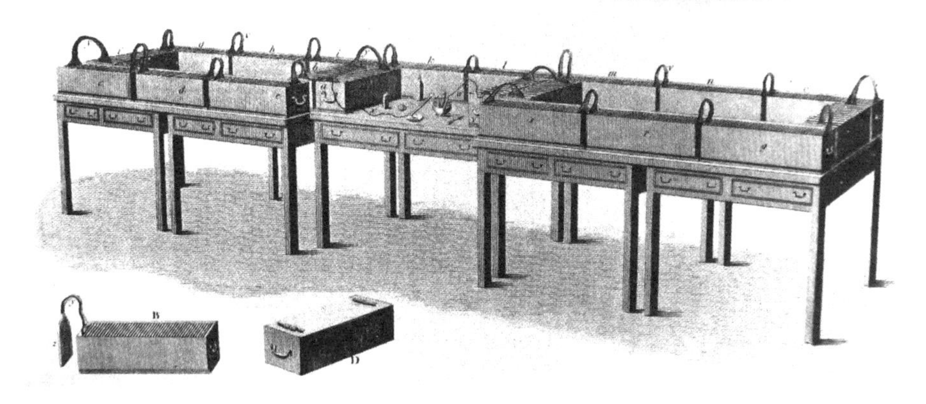

戴维用到的电解实验装置

为了真正得到这样的金属单质，戴维重新改进实验方案，把苛性苏打和苛性锅灰放到密闭的坩埚中进行加热和电解，最终得到了两种金属。戴维把来自苛性苏打的金属命名为钠（Sodium，意思是“苏打”，元素符号 Na，来自其拉丁文 Natrium），来自苛性锅灰的金属命名为钾（Potassium，元素符号 K，来自其拉丁文 Kalium）。钠元素和钾元素除了具有金属光泽外，看上去很不像金属，因为它们的比重比水还轻，可以浮在水面上，质地又很软，拿普通的小刀就能够切割。有人甚至怀疑它们只是相应元素与氢的化合物。1811年，盖·吕萨克等人进行的燃烧实验说明，钠元素和钾元素的单质在氧气中燃烧后得到的氧化物并不含有氢元素，证明它们都是金属单质。

利用电解的方法，戴维又继续从石灰中发现了金属钙（Calcium，元素符号 Ca，来自拉丁文 Calx，意思是生石灰），从苦土中发现了金属镁，等等。这为他赢得了很高的名声和荣耀，戴维也是历史上单枪匹马发现元素最多的化学家。

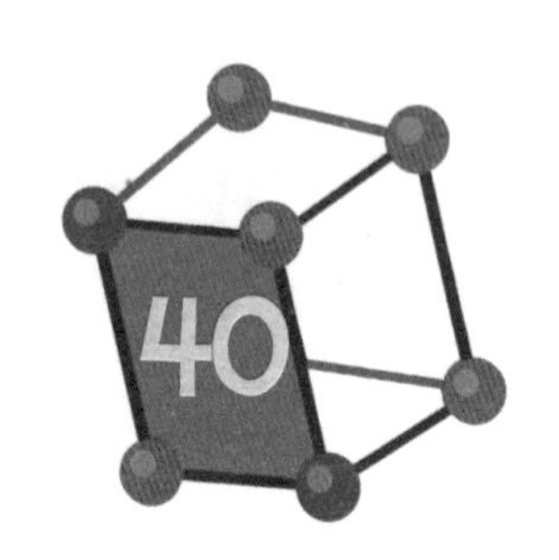

黏土中的发现

戴维通过电解成功获得金属单质，大大激发了化学家使用电解方法得到不同元素的热情。人们纷纷把目光投向了那些历史上尚未被研究清楚的化合物，试图通过电解来获得它们的真正组成。拉瓦锡曾经预测，绝大多数当时他所知道的土质，都应当是金属的氧化物。而这其中最普通又事后被证明最难研究的便是黏土。

黏土是我们地球大地的主要组成部分，这并不奇怪，因为它的组成正是地球上含量最多的三种元素：氧、硅、铝。我们前面也曾提到过，铝元素和硅元素都能够与氧元素形成稳定的氧化物，并且它们之间能够以任意比例组合起来。因此，日常我们见到的黏土组成可能是相当复杂的，不同种类的黏土常常具有不同的特征。比如用来烧制瓷器的高岭土白皙细腻，很早就被中国古人发现，可以制

蓝宝石首饰

作比寻常陶器更加坚硬精致的瓷器，直到今天陶瓷制品依然是日常生活和工业生产中不可或缺的组成部分。此外，很多天然矿物中也含有铝元素。例如被人们用来净化水的明矾，其中就含有铝元素。更为人们所熟知的一种铝的化合物是红宝石与蓝宝石，它们是几乎纯净的氧化铝的结晶，因为其中掺杂上了特定的原子而产生了绚丽的颜色。红宝石和蓝宝石又统称为刚玉。

中世纪的化学家已经发现，明矾和铝土应当具有类似的特征，因为把它们在酸中溶解后，重新蒸发溶液，得到的白色粉絮沉淀物质具有类似的性质。这种物质被当时的化学家们称作铝土。电解法发明后，人们立刻想到是否可以像处理石灰、苛性苏打、苛性锅灰那样来处理铝土，得到铝土中的元素。然而无论是戴维还是贝采利乌斯，都无法通过电解的方法分解铝土。但是戴维依然相信，铝土中应当含有某种元素，他将其命名为 Aluminium，意思是来自明矾的。

后来人们才知道，铝土虽然看上去结构松散，但它的熔点竟高达2600摄氏度，并且即使熔融之后，它也很难直接被电解分离。在一般的温度下，它根本不导电，也就很难像其他氧化物那样被电解。要想获得铝元素的单质，还需要另辟蹊径。1825年，丹麦物理学家奥斯特德（Hans Christian Oersted,1777—1851）发明了一种新方法。他首先制得了氯化铝，然后用钾元素溶解在水银中形成钾汞齐，再与氯化铝相互作用，得到了铝的汞齐。将铝汞齐中的汞慢慢蒸发，就得到了金属铝的粗产品。

氯化铝 + 钾 ⇒ 铝 + 氯化钾

然而，奥斯特的方法并不能得到纯净的金属铝。他本人也在此后没有继续从事相关研究，主流化学界因此也并没有注意到他的结果。两年后，奥斯特的朋友德国化学家弗里德里希·维勒（Friedrich Wohler，1800—1882）开始重复奥斯特的实验。他认为奥斯特的方法引入了太多的杂质，对其进行了大幅度的改进。他首先除去了原料氯化铝中的水，获得无水氯化铝，并将氯化铝和金属钾的反应放在隔绝空气的坩埚中进行。这时就得到了相对纯净的金属铝。

维勒的方法得到的金属铝是一种灰色的金属固体，但是它的量仍然是很小的，第一次实验只获得了一颗针头大小的铝粒。经过18年的努力，维勒才制备出了块状的铝锭，可见单质铝的稀有。为了获取大量的单质铝，化学家们展开了新的研究。1854年，法国化学家亨利·德维尔（Henry Deville，1818—1881）改用金属钠代替金属钾，终于获得了大量的金属铝。德维尔还因此开办了专门制造单质铝的工厂，并为维勒铸造了铝制的纪念牌。然而此时，铝元素的价格依旧高得惊人。因为德维尔所用的原料——金属钠——本身也需要电解反应来制备，价格已经很昂贵了，由它再制得的金属铝价格就更加高昂。直到1886年，纯铝的价格都和白银差不多，以至于拿破仑三世的宫廷以使用铝制餐具为奢华的象征。

拿破仑三世1857年铸造的铝制货币

不过金属铝还是有很多优秀的性质，让人们无法放弃对获得廉价金属铝的追求。首先，铝元素是地球上含量最多的金属元素，比铁还多，从储量的角度上说是相当划算的。单质铝的硬度虽然不高，但是延展性好，并且可以与其他金属形成坚硬的合金，这就是铝合金。铝合金的硬度和强度可以达到钢材的水平，而密度比钢铁小得多，适合在需要轻便但坚固材料的场合利用，比如制造飞行器和轮船。此外，金属铝的表面暴露在空气中会形成致密的氧化铝薄膜，这层薄膜保护了金属铝不受外界的侵蚀，因此不会像铁那样容易生锈。1886年，美国和法国两地的科学家同时发现，如果把氧化铝和另一种矿物冰晶石放到一起，它的熔点就会大大降低，并且可以方便地电解产生金属铝。由此，现代制造金属铝的工艺诞生了。

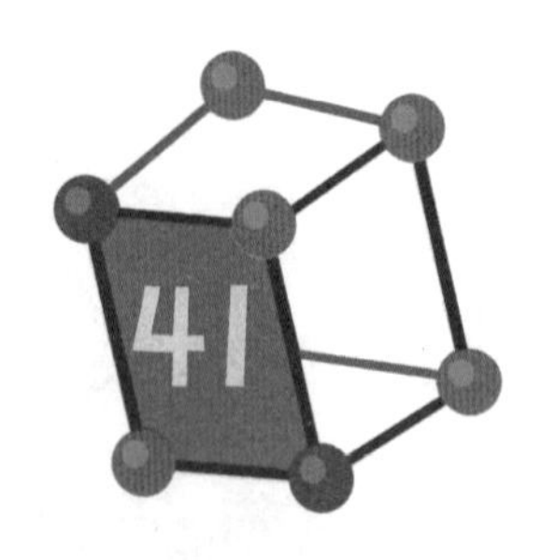

要命的气体

到这里，我们关注的都是电解过程中得到的金属。在电解过程中，金属总是在阴极生成，而电池连接的另外一端往往得到的是非金属。贝采利乌斯的电化二元论可以解释这一现象：电路中的阴极是电子从电池中流出的一端，由于电子带有负电，应当与被电解物中带有正电的部分结合，因此金属原子应当带有正电荷。与之相反，在阳极发生的是电子重新流回电池，应当与被电解物中带有负电的部分相互结合，这时往往是非金属元素原子，例如最常见的是氧化物（例如水）电解时得到的氧气。

其他非金属单质是不是可以通过同样的方法得到呢？1774年，舍勒把软锰矿和浓盐酸混合并加热，得到了一种绿色的刺鼻气体。1808年，戴维确认这种气体是一种元素单质，并将其命名为氯(Chlorine，元素符号Cl，来自希腊文khloros“绿色”)。舍勒所用的盐酸是这种元素与氢元素的化合物氯化氢，我们日常生活中最常见的食盐也是氯和钠的化合物氯化钠。1833年，戴维的学生、著名物理学家和化学家迈克尔·法拉第（Michael Faraday，1791—1867)

舍勒的实验室

通过电解食盐的水溶液，得到了氯气。这说明，从化合物中电解得到非金属单质是可行的。

食盐（氯化钠）＋ 水 ⇒ 氢氧化钠 ＋ 氢气 ＋ 氯气

人们随即把目光投向了另一种元素。早在1768年，德国化学家马格拉夫（Andreas Sigismund Marggraf，1709—1782）就对一种矿物——萤石产生了兴趣。他用酸处理萤石，结果得到了另一种性质与盐酸很相似的酸。在戴维确认盐酸是氯化氢后，化学家们很快意识到，这种与盐酸性质相似的酸也应当是另一种元素与氢的化合物。安培（André-Marie Ampère，1775—1836）建议将它命名为氟（flourine，元素符号F，意思是容易流动的），相应的酸称为氢氟酸。

既然确定了氢氟酸中有氟元素，那么制备出氟元素的单质就变成化学家们的下一个任务。而这一过程却饱含化学家们的血泪。后来人们知道，氟元素的单质性质异常活泼，几乎能与所有已知的单质发生反应生成化合物，并且具有强烈的毒性。而氢氟酸也与一般的酸不同，它能腐蚀玻璃，因此不能储藏在玻璃瓶中，同时它也有很强的毒性，尤其能腐蚀人的骨头，造成慢性中毒。

但在研究氟元素的早期，这些性质都不为人所知。戴维和盖·吕萨克使用了很多方法，试图电解氢氟酸得到氟单质，都没有成功，反而给自身的健康造成了很大的损害。在接下来的数十年中，

莫瓦桑制备氟的实验场景

许多化学家投身于此，但都铩羽而归，至少有两位化学家在这一过程中中毒身亡，还有很多人的健康受到了永久的损害，导致寿命缩短。制备氟元素单质的过程，成了一趟要命的旅程。

最终完成这一艰巨任务的是法国化学家亨利·莫瓦桑（Henri Moissan，1852—1907）。1872 年，莫瓦桑来到自然博物馆学习化学，他的导师弗雷米正是研究氟化学的专家，也多次在制备氟的过程中失败，但是他的经验给莫瓦桑以很大的启发。从前人的失败中，莫瓦桑意识到氟元素的化学性质过于活泼，必须把它困在几乎不能发生反应的情景中，为此采用与氟不相反应的物质作容器（比如萤石），并且让整个过程在低温下发生。他起初尝试电解氟化砷来获得氟单质，但是由于氟化砷的毒性过于强烈，导致莫瓦桑 4 次因为中毒而停止实验。

在不得已之下，莫瓦桑只得选择无水氢氟酸作为电解对象。但是无水氢氟酸自己并不导电，为解决这一问题，莫瓦桑在其中加入了一些氟化钾。1886 年 6 月 26 日，莫瓦桑的实验终于获得成功，在零下 23 摄氏度的低温容器中电解氟化氢和氟化钾的混合物，得到了具有淡黄绿色的气体，这就是氟元素的单质。经过 100 多年的血泪探索，氟元素这匹野马终于被人们降服，莫瓦桑也因此获得了 1906 年诺贝尔化学奖。

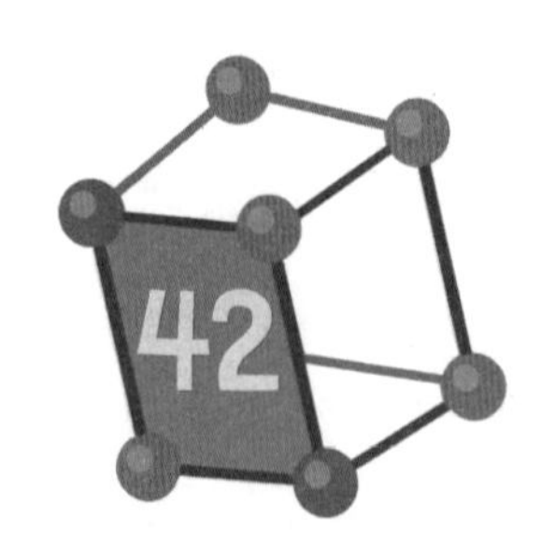

沉淀与颜色

在发现元素的热潮中，“火”和“电”都发挥了重要的作用，其实“水”在其中也有非常出彩的表现。谈到这里就不能不提到溶液和沉淀。

在日常生活中，我们接触到的水，除了几乎不含任何杂质的纯净水外，绝大多数时候都是以溶液的形式存在。所谓“溶液”，指的是这样的液体中，均匀地分散着来自别的元素或者别的物质的粒子，整体均一稳定，不会轻易发生变化。我们都观察过这样的现象：把食盐颗粒投到水中，食盐就溶解了，而这时水具有了咸味，这标志着水溶解了食盐，变成了食盐的溶液。

反过来，如果有物质不能被溶解，那么它就会以沉淀的形式从溶液中析出。例如，把生石灰放到水中，溶解后就得到了石灰水。如果在石灰水中通入二氧化碳气体，就会发现石灰水变混浊。这是由于二氧化碳与石灰水结合，生成了不能溶解的石灰石，也就是碳酸钙的缘故。它与大理石粉末的性质是一样的。

二氧化碳 ＋ 石灰水 ⇒ 石灰石 ＋ 水

早在中世纪，炼金术士们就发现，不同的矿物具有不同的溶解性，并且它们在不同溶液中的溶解性也不同。尤其是用酸或者碱与不同矿物作用时，会产生不同的效果。例如天然状态下的氧化铁不能溶解在水中，但却可以溶解在稀盐酸中，得到黄色的溶液。而氧化铜溶解在稀盐酸中，则得到蓝绿色的溶液。这种现象启发人们，可能不同金属溶解在酸中的颜色是不同的，这实际上正是相应的金属粒子在水中的颜色。反过来，如果我们发现了某种溶液具有独特的颜色，这就强烈地暗示其中存在我们先前尚未发现的某种元素。钒元素就是这么发现的，贝采利乌斯为它命名为“钒”（vanadium），就是取自北欧神话中爱神芙蕾雅（Freyja）的另一个名字凡娜迪斯（Vanadis），象征着它五颜六色的特征。

古人画笔下芙蕾雅（凡娜迪斯）的形象

为了把这些元素从溶液中分离出来，需要利用沉淀和结晶的手段。这些是早期分析化学家经过反复尝试和探索发现的方式。例如单质银一般不能溶解在盐酸中，但是如果把硝石加热，再用水收集加热产生的气体，就可以得到一种新的酸——硝酸。硝酸可以溶解银，得到硝酸银。这时，如果在硝酸银的溶液中加入食盐水，由于食盐是氯化钠，就会发现溶液中产生了白色的沉淀。这种沉淀是不溶解的氯化银。

硝酸银 + 氯化钠 ⇒ 硝酸钠 + 氯化银（沉淀）

正如我们之前已经提到的那样，铁可以溶解在盐酸中，形成氯化铁。如果一种矿石中既含有铁又含有银，那么先拿硝酸溶解它们，然后在其中加入氯化钠溶液，就可以把银和铁分离开了。

利用类似的方法，化学家们可以对非常复杂的矿物展开分析，利用它们溶解度不同和在不同酸中的性质不同的特点，通过逐级沉淀与结晶的方法，逐渐获得纯净的含有该元素的化合物。最后再通过加热或电解的方法，就可以得到相应的元素单质了。这一系列方法最令人惊叹的成果就是对稀土元素的分析，其中混杂在一起的金属元素可能达 17 种之多！科学家们花费了 50 多年的时间，才从中分离出 6 种元素单质。而要想更深入地发现和辨别不同元素，还需要探究新的方法。

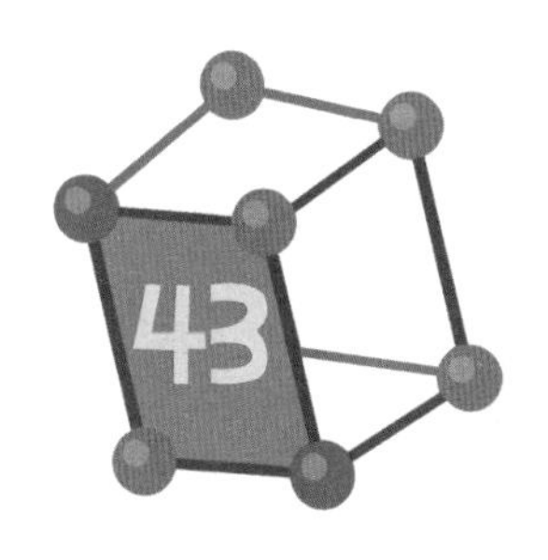

三棱镜分出的秘密

说完了“水”，我们再来看一看“光”。金属溶解在水中或酸中具有不同的颜色这一现象，引发了人们深入的思考。物质具有颜色的本因是什么？有没有更精细的通过颜色来分辨物质的方法？解答前一个问题，需要深入认识原子结构。而后一个问题的解决，则促进了更多元素的发现。

其实除了溶液的颜色外，人们很早就发现，特定的元素在燃烧时会发出特定的颜色。例如我们在火焰上撒一撮食盐粉末，就会发现火焰变成了明亮的黄色，这其实是食盐中的钠元素燃烧的结果。又如，距今 1600 多年前，中国南北朝梁代的炼丹家陶弘景在《本草经集注》中也曾记载过，自然界有很多类似硝石的矿物，但只有“烧之紫青烟起”，才是真的硝石。今天我们知道硝石的主要成分是硝酸钾，陶弘景发现的实际上是硝石中的钾元素燃烧时的紫色。这些结果被近代化学家称为焰色反应，可以用来定性判断矿物中存在的某些特殊元素。

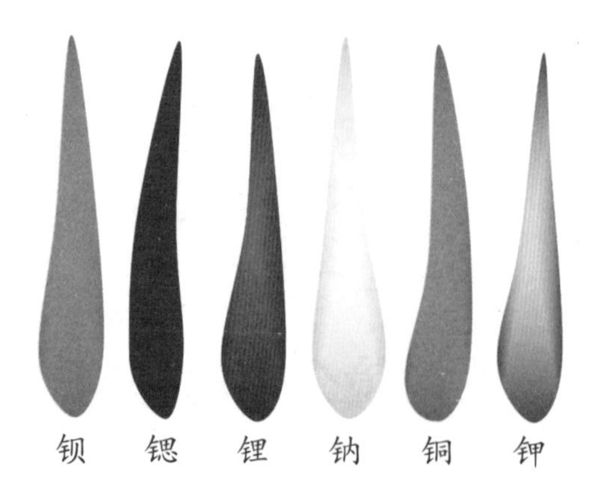

不同金属元素的焰色反应

如何能精确地分辨不同物质的颜色呢？第一个对这一问题作出重要贡献的是伟大的物理学家牛顿。他用著名的三棱镜分光实验证明，白光由七色光混杂而成。这一实验进一步启发人们，在我们观察到的各种火焰颜色中，并不只具有纯净单一的颜色，而是具有很多种不同的颜色，对应不同性质的光。三棱镜可以把不同性质的光分开，从而对这些单束光进行定量的检验。科学家把这种经过棱镜分开之后得到的单色光的组合称为光谱。

1825 年，英国物理学家泰尔包特（W. H. Talbot，1800—1877）开始研究火焰的光谱。他首先从焰色反应出发，研究不同金属焰色反应时火焰的光谱。结果是令人兴奋的：元素在焰色反应时发出的光并不是像太阳光那样的连续光谱，而是分立的光谱。换句话说，焰色反应中产生的光，只是由某些单色光组合而成的，而不是包括红橙黄绿蓝青紫这 7 种全部可见光。并且更加有意思的是，不同元素光谱也不相同。比如他发现各种钠的化合物都发射两条黄线，各种钾的化合物都发射一条红线。这就是说，每个元素在光谱序列中都由它们独特的颜色组成，科学家们把这些组成叫作元素对应的特征谱线。

运用特征谱线，就可以方便地从混合物中分辨出到底有哪些元素存在。反过来说，如果我们在新发现矿物的焰色反应中观察到之前从没有看见过的特征谱线，那么就可以说，这时我们可能发现了一种新元素。到 19 世纪中叶，上述方法已经成熟，这就是我们今天称为分光分析的方法。

德国化学家本生（R. W. Bunsen，1811—1899）首先利用分光分析法发现了新的元素。他在合作者、物理学家基尔霍夫（G. R. Kirchhoff）的帮助下，制造出了高精密度的观察光谱仪器——分光仪，并用分光仪对他手上的各种样本进行了全面检测。本生相信，在矿泉水中溶解着很多独特的金属粒子，有些可能过去从未被发现过，于是他着手研究各地的矿泉水。当他分析到来自瑞典杜尔海姆的矿泉水时，在分光仪中观察到了两条明亮的蓝线。这两条蓝线不属于以往的任何一种已知元素。本生当即指出，这就是一种新元

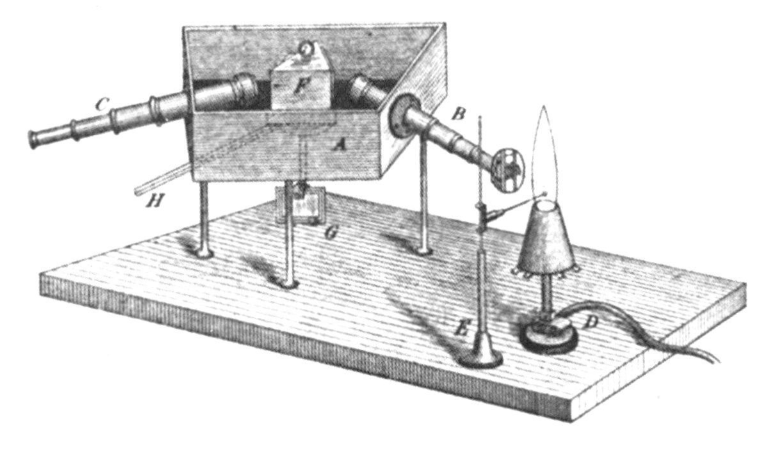

本生和基尔霍夫制造的分光仪

素的标志，并将其命名为铯（Cesium，元素符号 Cs，来自拉丁文 coesius“天蓝色”）。通过相似的方法，本生很快又发现了另一种具有醒目红线的铷（rubidium，元素符号 Rb，来自拉丁文 rubidus“鲜红色”）。

分光分析法是发现元素的利器，因为它的检出并不需要分离出元素的单质，只要对元素进行焰色反应就可观察。更重要的是，分光分析法所需要的样本量极小，铯的含量在矿泉水中即使只有一百万分之一克，也可以在光谱中观察到它的特征谱线。这就为寻找那些含量极低的稀少元素提供了可能，前面 17 种稀土元素混合的难题也就迎刃而解了，人们从稀土矿物中分离出钪、钇和 15 种镧系元素。运用分光分析法发现的元素数量是最多的。

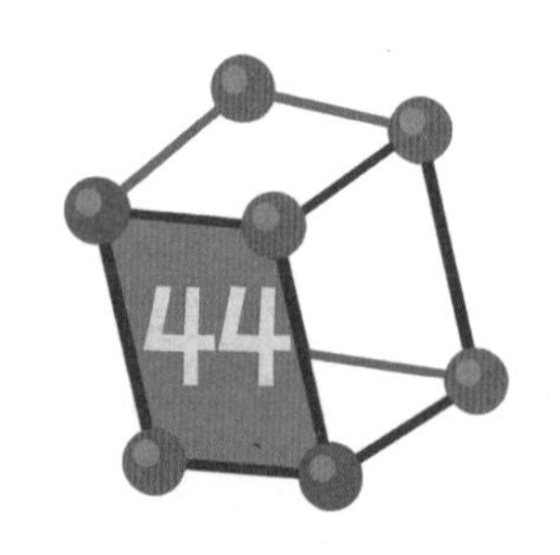

太阳里的元素

分光分析法的另一个方便之处在于，我们并不需要接触到这种元素的物质实体，只要能够接收到它发出的光，就可以确定它是否存在。这就为解决一个古老难题提供了方法：天上的星星是由什么元素构成的?

在古希腊时代，亚里士多德假设天体和天球都是由神秘的第五元素“以太”组成的。然而这个假设太过缥缈，我们也没有办法从天体上取得物质来确认。近代自然科学发展以来，尽管天文观测取得了长足进步，但是依然无法确证天体的组成到底与地球是不是一样。然而早期光谱的发展，给了人们更好的视角来观测天体。1814年，德国物理学家夫琅和费（J. Fraunhofer，1787—1826）使用高精密度的棱镜，分辨太阳光谱。结果他惊奇地发现，与牛顿当时粗糙的分光实验得到的连续光谱不同，尽管太阳光谱整体上仍然包括了赤橙黄绿青蓝紫各种颜色，但是在连续的光谱中间有着许多“狭缝”，像是整架排列的书，被人抽去了其中几本那样。夫琅和费统计出大约有 700 条这样的“狭缝”，他还将最显著的 8 个位置用字母进行了编号，称之为“暗线”。

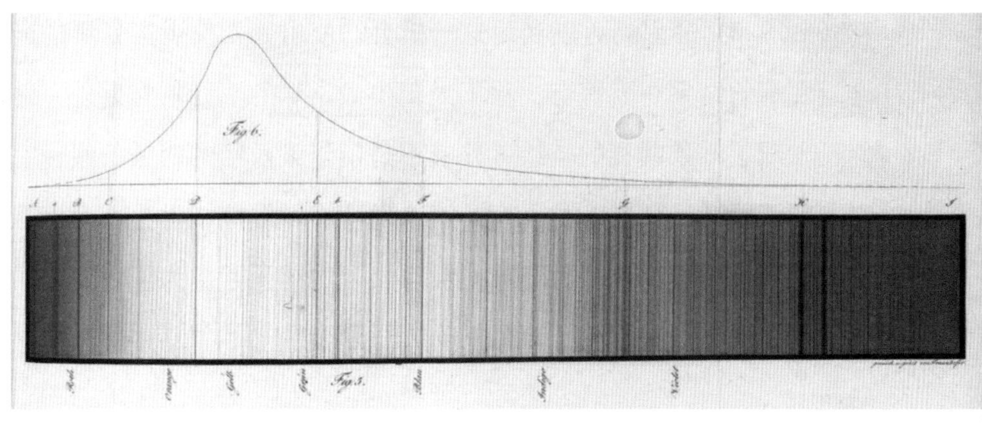

夫琅和费发现的太阳光谱“暗线”

夫琅和费的发现引起了科学界的广泛关注。经过光谱化学家的比对，发现这些暗线都与地球上的元素在燃烧时发出的光谱位置吻合。例如，夫琅和费标记为D的两条暗线，恰好与钠元素燃烧时的两条黄线光谱的位置吻合。为了解释这一现象，本生提出了这样的假设：同一元素不仅在燃烧时放出相应颜色的光，同时也会吸收相应颜色的光。他做了这样一个实验：在已知的白光光源和分光镜中间放上一团钠元素燃烧时的火焰，结果果然在白光的分光结果中观察到了相应的暗线。本生的这一结果说明，太阳光谱中的暗线就是由于相应元素的存在导致的，这也间接说明了太阳上存在与地球上相似的元素。沿用这一方法，人们陆续从太阳上发现了数十种元素的谱线，并最终确定太阳含量最多的元素是氢元素。

那么太阳上到底有没有地球上没有观察到的元素呢？1868年8月18日，印度发生了日全食，这是一个观察太阳喷出火焰——日珥——的良好机会。法国天文学家儒勒·詹森（Jules Janssen，1824—1907）和英国天文学家诺曼·洛克耶（Norman Lockyer，1836—1920）都想到可以利用这一机会，使用分光仪观察日珥的光谱。观察的结果令人惊奇，除了太阳中最常见的氢元素光谱外，他们还发现了一条明亮的黄线，并且不是钠元素对应的两条黄线，它也不属于已知的任何一种元素。这一发现立即震惊了世界，大家意识到太阳上确实存在一种地球上没有出现过的元素。为了表明它的特殊性，于是将其命名为氦（Helium），来自古希腊神话中的太阳神Helios。

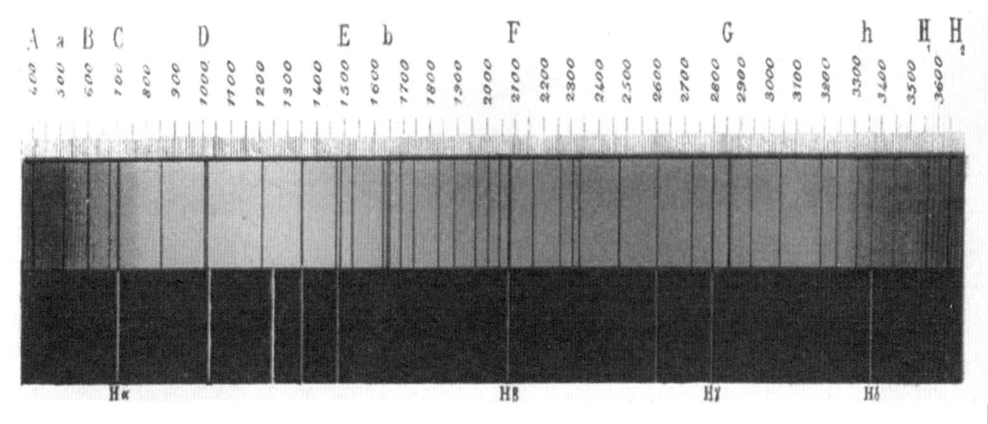

日全食观察到的太阳光谱（上）与当时一些已知元素的原子光谱（下）对比

氦元素的发现似乎动摇了天体与地球之间的一致性，不过很快人们就在地球上发现了氦元素。如果我们还记得前面提到的恒星演化的历史就会知道，一些元素在进行衰变的时候会放出氦元素。1890年左右，美国的化学家们在沥青铀矿中，发现了一种特殊的气体，它不参与当时已知的任何一种化学反应，是非常惰性的元素。后经光谱确认，这就是氦元素的单质氦气。

太阳元素的分析和发现，进一步把化学元素覆盖的角落推广到宇宙各地，它说明了道尔顿新原子论的正确性有多么广泛。

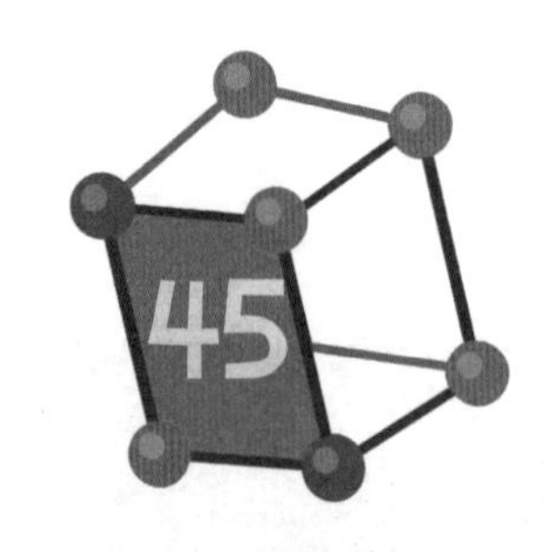

第三位小数的胜利

在前面的篇章中，我们依次介绍了“火”“电”“水”“光”四种方法在发现元素历程中发挥的独特作用，似乎冷落了在元素发现历程的最开始常常用到的方法：气体的制备和鉴别。的确，在将近100年的历程中，人们慢慢忽略了对于气体元素的发现。然而事实证明，依然有一些“漏网之鱼”，等待着人们去探索。

在近代科学家中，实验技巧最高、对气体研究最清楚的当属英国化学家卡文迪许。他终身未娶，沉默寡言，把一生的精力都奉献给了物理和化学实验。当时的人们已经知道，空气中除了氧气外，还含有一种其他气体。1772年，英国化学家丹尼尔·卢瑟福（Daniel Rutherford，1749—1819）发现，在密闭容器中点燃蜡烛直到熄灭，依然会剩下一种气体，它并不能帮助燃烧，不能维持小鼠的生命，也不与碱性溶液反应，他把这种气体称作“浊气”或者“劣质空气”。因此在拉瓦锡的元素表中将其命名为“azote”，意思是“无益于生命的”。

卡文迪许曾经做过用电火花来点燃氢气和氧气混合物的实验，结果生成了水。这启发他尝试这样一个实验：他把氢气和氧气的混合气体换成了空气，如果用电火花去点燃，就会出现一种棕色的气体。如果把这种棕色气体溶解在水中，就变成了硝酸。卡文迪许认为，这代表空气中的另一个组份与氧气发生反应，得到了硝酸。这说明这种元素应当是硝酸中的主要元素来源。因此，今天氮元素的名称是 Nitrogen，意思是“形成（-gen）硝酸（Nitro-）的”。

卡文迪许用过的天平

为进一步探究氮气和氧气反应的结果，卡文迪许不断地在空气中放电，并且用苛性碱的溶液吸收生成的硝酸气。一旦氧气耗尽，就继续通进氧气。经过长达三个星期的时间，U 形管中的气体几乎已经被反应完了，还剩下一个非常小的气泡，卡文迪许也不知道这个气泡到底是什么。他在实验记录中写道：“空气中的浊气不是单一的物质，还有一种不与脱燃素空气化合的浊气，总量不超过全部空气的 1/120。”今天我们已经知道，卡文迪许所说的“浊气”就是氮气，而“脱燃素空气”就是氧气。这个实验结果实际上说明，他已经发现了空气中除氧气和氮气外的第三种气体。但是卡文迪许的实验结果并未发表，而只是留在了他的实验记录本中，这一留就是100年。

1882年英国物理学家瑞利勋爵（Lord Rayleigh，1842—1919）开始研究大气中各种气体的密度，以精确测定它们的原子量。但当研究到氮气时，让他感到困惑不解。他首先通过分离空气的方法，把空气反复通过炽热的装满铜粉的管子，这时氧气被铜粉吸收变成氧化铜，剩下的应当是纯净的氮气。瑞利勋爵测得这种氮气的密度是每升1.2572克。然而这种方法与通过氮的氢化物——氨气——与氧气反应得到的氮气密度不同，后者是每升1.2508克，二者相差0.0064克。瑞利勋爵反复检查了实验误差，发现没法解释这种差距。

1894年的拉姆塞（左）和瑞利（右）

1894 年，瑞利勋爵在英国皇家学会报告了这个实验结果，吸引到了在座的化学家拉姆塞（William Ramsay，1852—1916）的兴趣。他们二人认为此时空气中一定含有一种其他的气体。在检查文献的时候，他们发现了卡文迪许的实验结果，进一步验证了他们的猜测。拉姆塞于是设计了新的实验。他利用氮气可以与炽热的镁粉反应的原理，把从空气中获得的氮气反复通过装有镁粉的管子，彻底除净氮气，最终得到一种比氮气的密度大约要大三分之一的气体。当把这种气体放到分光仪上检测时，立即发出橙色和绿色的明线，这是已知的气体光谱中从未观测到的。实验最终说明，空气中存在一种新的气体。

瑞利勋爵和拉姆塞仔细研究了它的化学性质，发现这种新气体不与当时已知所有的化学物质发生反应，是一种高度惰性的气体。这也难怪，过去几个世纪中都没有人注意到它的存在。因此人们选择了“氩”（Argon，元素符号 Ar）这个名字为其命名，意思是“惰性”。随后，拉姆塞经过努力，又从空气中发现了其他三种元素，它们也都是非常惰性的稀有气体。为此，瑞利勋爵和拉姆塞分别被授予 1904 年的诺贝尔物理学奖和化学奖。

八

从周期律到原子核

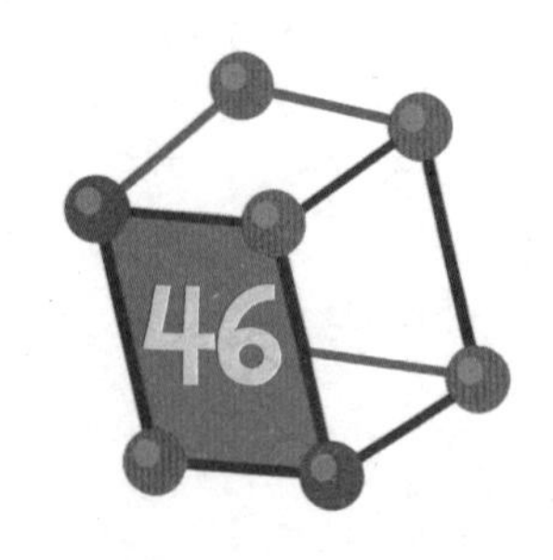

到底有多少种元素

在整个 19 世纪的化学史中，元素的发现无疑是浓墨重彩的篇章。1789 年拉瓦锡发表了他的著作《化学基础论》，第一次给出一张化学元素表，表中只含有 33 种元素，并且其中很多元素（如光和热）还并不是化学元素，另一些物质也不是元素单质，例如石灰。经过将近 100 年的努力，到了 19 世纪后半叶，元素的数量已经翻了一番还不止，人们对各种元素性质的认识也更加深入了。

然而元素发现的历程自然会让人们问这样的问题：可以无休止地发现下去吗？元素的数量有没有尽头？ 19 世纪前半叶，几乎每年都会有新化学元素发现。有时候一年还会发现好几种新化学元素，但是这些发现都是零零星星的，基于不同的实验手段或者实验材料而获得的。化学元素的发现，似乎变成了从世界各地收集和分析矿物的“集邮式”工作。

另外，对于已经发现的 60 多种元素，人们也没有找到一个合适的方法对它们进行归类和分析。拉瓦锡将元素分为四大类：气体、非金属、金属和土质。这只是基于它们基本性状的一个粗浅的划分，并不能揭示元素的本质。道尔顿干脆只将元素分为金属和非金属两大类。贝采利乌斯的电化二元论也只是简单地把元素划分成带正电与带负电的两大类。然而这些方法都还不足以解释，为什么不同元素的性质有这么大的差异性。

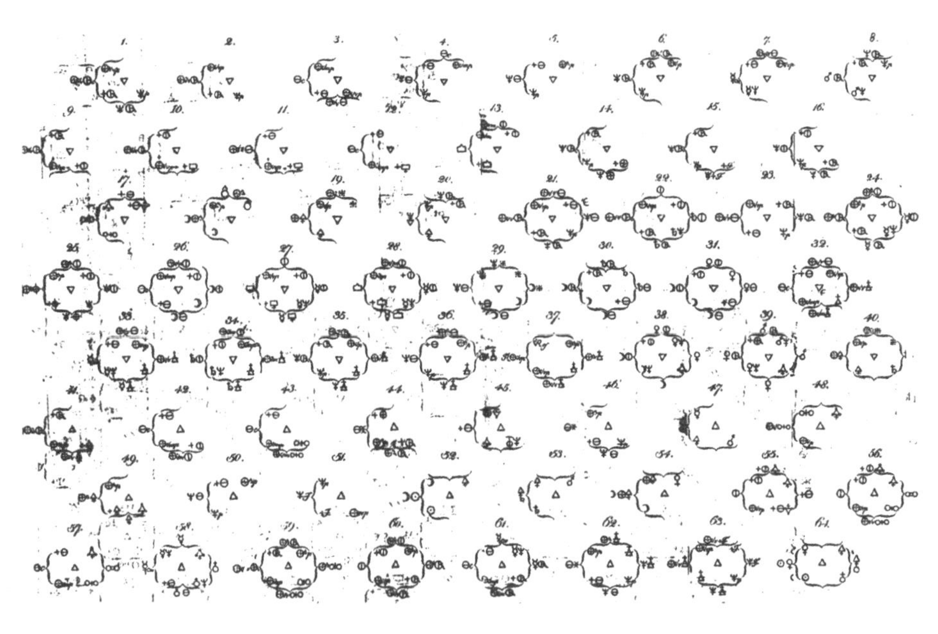

一种早期化学家使用的亲合力图表

人们早就在实验中发现，不同元素之间发生组合的倾向性是不同的，18 世纪的化学家们将其称为“亲合力”，他们还根据实验结果画出各种元素亲合力大小的图表。同样是非金属，碳元素就可以把金属单质从氧化物中还原出来，而氧元素反过来会把金属单质变成氧化物。二者为什么有如此大的区别？同样是金属，钠元素的密度比水还小，可以浮在水面上漂浮游动；而金元素和铅元素的密度非常大，可以用来制作首饰和铅锤，这又是因为什么？

更重要的是，不同元素性质之间的联系和变化也无法在简单的二分中得到解决。人们很早就注意到，有一些元素之间的性质非常相似。例如，钠元素和钾元素，都是质地软而活泼的金属，都可以溶解在水中形成强碱。再比如，氧元素和硫元素，都可以与众多金属元素结合形成二元化合物，并且化合价的数目都是二。更多的元素发现使上述这种相似的范围逐渐扩大，1829 年，德国化学家德贝莱纳（Johann Wolfgang，Dobereiner，1780—1849）提出了“三元素组”的想法。他找到了五组每组三个的元素，分别是锂钠钾、钙锶钡、氯溴碘、硫硒碲、锰铬铁，每组中间的那个元素性质介于两个元素之间，原子量也相当于两个元素的平均值，整组元素具有某种相似性。

“三元素组”的方法启发了化学家探究元素之间的相似性。围绕发现元素性质变化的规律，不同化学家提出了很多方案来处理，有人提出应把元素分为三组，有人提出分为六组，有人提出分为十三组，还有人提出螺旋上升的方案。据统计，到 1869 年之前，不同的元素分类方法已经超过 50 种，在这其中最有启发性的有两种。德国的迈耶尔（Julius Lothar Meyer，1830—1895）在他的《现代化学理论》中指出，元素的性质应与它们的原子量增加有关。英国的纽兰兹（John Newlands，1837—1898）则进一步提出了“八音律”，他发现如果把已知的元素按照原子量增加的顺序排列起来，每到第八个元素就好像回到第一个元素那样，与它的性质相似。同时，1860 年阿伏伽德罗学说的重新提出和被认可也使获取准确的原子量成为可能。这些都为真正发现元素的性质变化规律准备了条件。

Table II.—Elements arranged in Octaves.

	No.		No.		No.		No.		No.		No.		No.		No.
H	1	F	8	Cl	15	Co & Ni	22	Br	29	Pd	36	I	42	Pt & Ir	50
Li	2	Na	9	K	16	Cu	23	Rb	30	Ag	37	Cs	44	Os	51
G	3	Mg	10	Ca	17	Zn	24	Sr	31	Cd	38	Ba & V	45	Hg	52
Bo	4	Al	11	Cr	19	Y	25	Ce & La	33	U	40	Ta	46	Tl	53
C	5	Si	12	Ti	18	In	26	Zr	32	Sn	39	W	47	Pb	54
N	6	P	13	Mn	20	As	27	Di & Mo	34	Sb	41	Nb	48	Bi	55
O	7	S	14	Fe	21	Se	28	Ro & Ru	35	Te	43	Au	49	Th	56

纽兰兹 1866 年的“八音律”表格

但是主流化学界对这些尝试始终不太认可，纽兰兹提出的“八音律”甚至遭到了英国皇家学会一些成员的嘲笑。迈耶尔并没有将他发现的规律推广到所有的元素上，而纽兰兹的列表尽管包括当时所有的元素，却存在很多不合理之处。当然这些规律本身尚不成熟也是一个主要原因，历史在等待一个把元素的秘密彻底揭开的人。

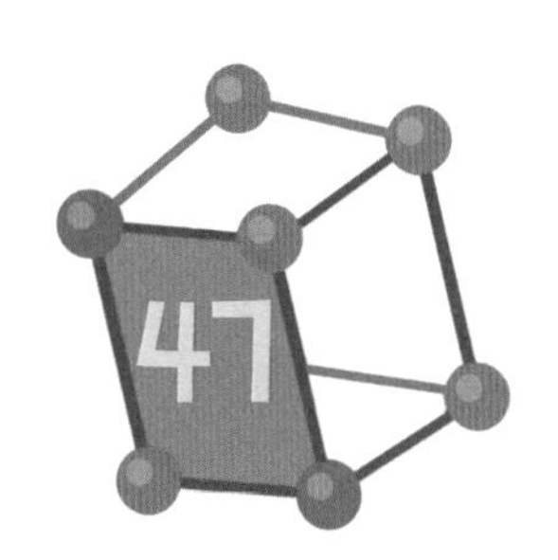

纸牌与周期律

如果一定要在所有化学家中选择一位作为代表，那么德米特里·伊万诺维奇·门捷列夫（Dmitri Ivanovich Mendeleev，1834—1907）

1897 年的门捷列夫

可能是最有机会入选的。他是近代化学知识的集大成者，又因他发现的元素周期律载入史册，成为现代化学的奠基人。今天人们提到化学，首先想到的一定是门捷列夫的元素周期表。

门捷列夫出生在俄国的西伯利亚，1850 年进入圣彼得堡师范学院学习化学，开始走上化学之路。毕业后，他首先做了中学教师，之后又回到圣彼得堡大学任教。1859 年他来到德国的海德堡大学深造，并于次年参加了卡尔斯鲁厄召开的国际化学家代表大会，在那里接触到了康尼查罗散发的阿伏伽德罗分子学说，获得了纠正后的原子量信息，这对他发现元素周期律是相当重要的。

几年后，门捷列夫升任圣彼得堡大学化学副教授，并在随后的几年中升为教授，担任化学教研室主任。在担任副教授后，他便开始讲授化学基础课程，并计划撰写一本化学教科书《化学基础》。而这时一个巨大的困难摆在他面前：如何有条理地组织当时已经发现的 63 种化学元素。门捷列夫花了几百页的篇幅，只完成了这本书的上册，提及了 8 种元素，但这还远远不够。

为了探究这个问题，门捷列夫广泛地调研文献，了解了历史上种种关于元素性质变化规律的假说，并且亲身参与大量化学实践。

在 19 世纪 60 年代后期，他探究元素间关系已经到了废寝忘食、神魂颠倒的地步。一种说法是，他命人将 63 种元素的各种性质都做成纸牌，以便在桌上随时比较和调换顺序。这体现了门捷列夫研究思路上一个非常重要的特点：将所有的化学元素视为一个整体，就像一副纸牌中的不同张一样，它们之间必定有着某种密切的联系。这就打破了过去孤立的一个一个研究元素性质的做法，从而为真正找到元素周期律开辟了思路。

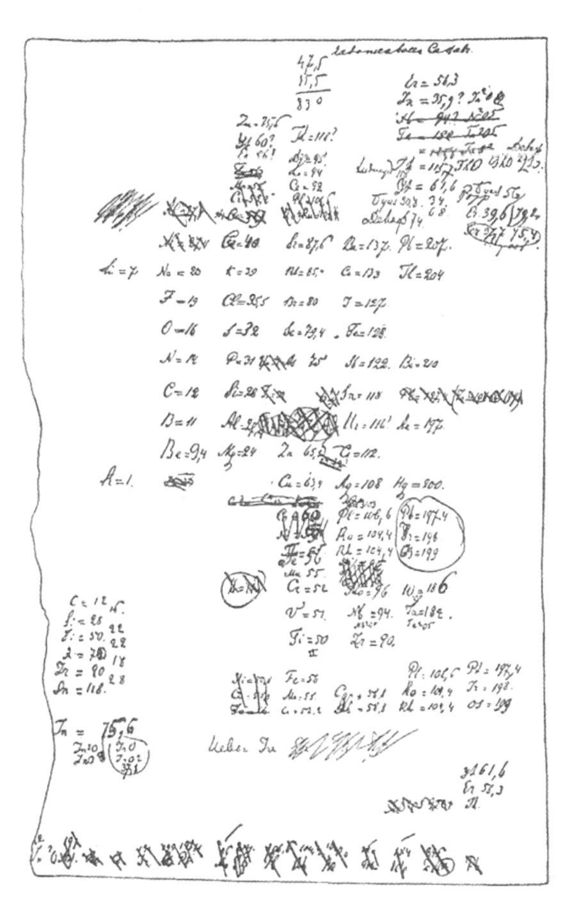

门捷列夫最初发现元素周期律的手稿

1869 年 2 月，在经过了数年艰辛的探索后，门捷列夫终于找到了研究这个问题的钥匙。他首先认可化学元素的性质随着原子量的增加而有规律地变化，并且其中存在周期性的重复规律，这与之前人们的认知是相互符合的。然而，门捷列夫的伟大之处在于，他不是机械地修改规律以符合当时人们观察到的经验事实，而是极具洞察力地指出规律本身可能比实验事实更可靠。

纽兰兹的“八音律”之所以受到当时学者们的冷落，是由于它揭示的与某些事实不相符。例如，按照当时已知的原子量，铍元素是 13.5，介于碳元素和氮元素之间，但是下一个与铍元素性质相近的镁元素仅仅与铍元素相隔了四个元素，不符合“八音律”。并且铍元素是一种金属，放在碳元素和氮元素之间也不合适。面对学者们的指责，纽兰兹无言以对。但门捷列夫却大胆地指出，应当是铍元素的原子量测定出了问题。它的原子量应该是 9，介乎于锂元素和硼元素之间，这样就正确地排列了元素周期表。这一事实很快得到了实验验证。据此，门捷列夫还调整了其他不少元素的原子量，这些绝大多数后来都被一一验证。

另一个更重要的假定是门捷列夫使用发展的眼光看实验事实，他认为当时所发现的 63 种元素并不是化学元素的全部，不仅如此，也不是一个连续的排列，而是存在一些缺失的元素尚未被人们发现。这就使得过去“八音律”和“三元素组”假设的困境得到了解决：并不是他们预测的规律失效了，只是相应位置上的元素并没有被人们发现而已。在门捷列夫提出这一点的当时，这还只是猜测，但是随着这些空格逐渐被填满，元素周期律的巨大威力开始发挥作用。

ОПЫТЪ СИСТЕМЫ ЭЛЕМЕНТОВЪ,

ОСНОВАННОЙ НА ИХЪ АТОМНОМЪ ВѢСѢ И ХИМИЧЕСКОМЪ СХОДСТВѢ.

			Ti=50	Zr=90	?=180.
			V=51	Nb=94	Ta=182.
			Cr=52	Mo=96	W=186.
			Mn=55	Rh=104,4	Pt=197,4
			Fe=56	Ru=104,4	Ir=198.
		Ni=	Co=59	Pl=106,6	Os=199.
H=1			Cu=63,4	Ag=108	Hg=200.
	Be=9,4	Mg=24	Zn=65,2	Cd=112	
	B=11	Al=27,4	?=68	Ur=116	Au=197?
	C=12	Si=28	?=70	Sn=118	
	N=14	P=31	As=75	Sb=122	Bi=210?
	O=16	S=32	Se=79,4	Te=128?	
	F=19	Cl=35,5	Br=80	I=127	
Li=7	Na=23	K=39	Rb=85,4	Cs=133	Tl=204
		Ca=40	Sr=87,6	Ba=137	Pb=207.
		?=45	Ce=92		
		?Er=56	La=94		
		?Yt=60	Di=95		
		?In=75,6	Th=118?		

门捷列夫 1869 年正式发表的元素周期表

元素周期律的发现，在化学史上具有非常重要的意义。它使化学学科不再仅仅是经验事实的总结，而成为一个具有完整理论体系的自然科学。元素周期律的影响力也远远超过了化学，成为人类认识自然世界的最重要的钥匙之一。为了纪念门捷列夫发表元素周期律 150 周年，联合国大会把 2019 年定为国际化学元素周期表年。

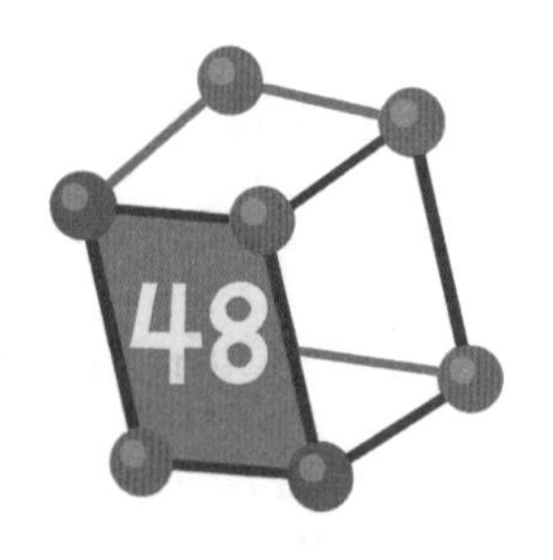

大预言家

门捷列夫提出的元素周期律，并没有引起化学家们的广泛响应。当时大部分化学家认为，这可能不过又是一种精巧一点的“八音律”，不具有太多的科学意义。要想得到科学界的认可，元素周期律还需要在实践中得到检验。

前面已经提到，门捷列夫的过人之处在于，他为了排布具有相似性质的元素，不惜在元素顺序中留下一些空格，表明这些元素尚

			Ti = 50	Zr = 90	? = 180
			V = 51	Nb = 94	Ta = 182
			Cr = 52	Mo = 96	W = 186
			Mn = 55	Rh = 104,4	Pt = 197,4
			Fe = 56	Ru = 104,4	Ir = 198
			Ni = Co = 59	Pd = 106,6	Os = 199
H = 1			Cu = 63,4	Ag = 108	Hg = 200
	Be = 9,4	Mg = 24	Zn = 65,2	Cd = 112	
	B = 11	Al = 27,4	? = 68	Ur = 116	Au = 197?
	C = 12	Si = 28	? = 70	Sn = 118	
	N = 14	P = 31	As = 75	Sb = 122	Bi = 210?
	O = 16	S = 32	Se = 79,4	Te = 128?	
	F = 19	Cl = 35,5	Br = 80	J = 127	
Li = 7	Na = 23	K = 39	Rb = 85,4	Cs = 133	Tl = 204
		Ca = 40	Sr = 87,6	Ba = 137	Pb = 207
		? = 45	Ce = 92		
		?Er = 56	La = 94		
		?Yt = 60	Di = 95		
		?In = 75,6	Th = 118?		

被译成德语的门捷列夫元素周期表，其中“?”代表未知元素和可疑数字

待被发现。根据他提出的元素周期律，1871 年门捷列夫预测，应当存在三种分别与硼元素、铝元素和硅元素性质相似的元素，并对它们的物理化学性质进行了预测，将它们称为“类硼”“类铝”和“类硅”。不过这一文章发表在俄国学术期刊上，而西方其他国家的科学家往往不懂俄语，没有引起广泛关注。

门捷列夫对自己的预言很有信心，但对何时实现没有把握。科学史上有很多著名预言都经历了几十年甚至上百年才被证实。然而门捷列夫的运气很好，仅仅过了 4 年，第一个证据就出现了。

1875 年，法国化学家布瓦博得朗（P. E. L. de Boisbaudran，1838—1912）在研究闪锌矿的原子光谱时，发现其中存在一条不寻常的紫色谱线。他立即意识到，这是一种新的元素，并对其展开了研究。经过几个月的努力，他终于从矿石中提取出一种新的金属元素，并将其命名为镓（Gallium，元素符号 Ga，来自法国的古称 Gaul“高卢”），并把他的实验结果发表在《巴黎科学院院刊》上。

远在俄国圣彼得堡的门捷列夫读到布瓦博得朗的报告后兴奋不已，他发现，镓元素和他预测的“类硼”元素性质几乎完全一致。镓是一种熔点极低的元素，放在人的手心里，靠体温就能将其熔化。其各项物理化学性质都和门捷列夫的预测相符合，但是它的比重差距较大。门捷列夫预测“类硼”的比重是 5.9 ~ 6.0，而布瓦博得朗测得的数据只有 4.7。对自己的预言信心十足的门捷列夫当即写信给布瓦博得朗，提醒他重新测定镓的比重。

布瓦博得朗此前从未听说过元素周期律，自然大为惊奇：明明他才是世界上唯一得到了镓元素单质的人，门捷列夫凭什么质疑他

金属镓是一种熔点很低的金属

的实验结果？但为了严谨起见，布瓦博得朗还是重新进行了实验。结果让他大为惊叹，原来此前的数据来自未经提纯的镓元素，经过仔细提纯之后，镓元素的比重被重新确定为5.94，和门捷列夫的预测完全一致。这一消息立即震惊了国际化学界。

在接下来的几年中，门捷列夫预测的“类铝”——钪元素（scandium，元素符号Sc，来自发现地Scandinavian“斯堪的纳维亚”）和“类硅”——锗元素（Germanium，元素符号Ge，来自发现地Germany“德意志”）也相继被发现，而它们的性质也和门捷列夫的预言一一符合，尤其是锗元素的数据几乎完全一致。这些成功的预言彻底打消了人们对元素周期律的疑虑，并为门捷列夫带来了空前的赞誉。

然而，元素周期律的预言也并非全部准确，依然有个别元素的性质不完全符合门捷列夫的预测。同时，门捷列夫也不能很好地解释，为什么原子量的增加会导致元素性质周期性地变化。他曾经猜测，是不是原子的质量带来的万有引力等因素造成了这些变化，但事实并非如此。元素周期律背后的秘密，还需要对原子结构的进一步探究才能解开。

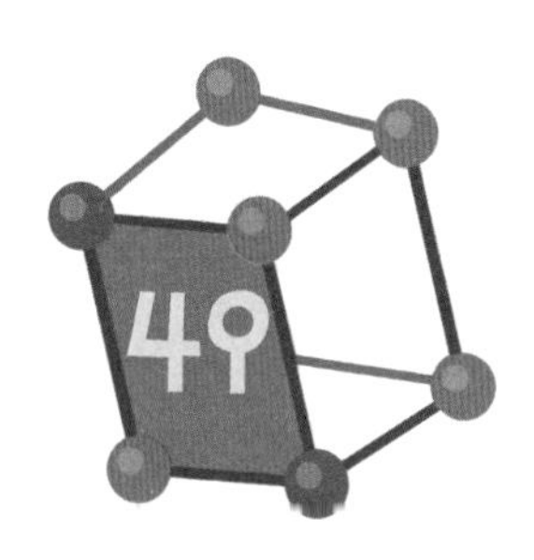

未知的射线

揭开原子结构秘密的历程，倒不是来自化学家的发现，而是从物理学开始的。而这一次的功劳来自气体的放电。

1858 年，德国和英国的物理学家在研究气体放电时，发现了这样一个现象：在密闭的玻璃管中装上两个电极，然后通过抽气将其中的气体抽到非常稀薄的程度，这时候如果在两个电极之间加上高达几千伏的电压，就会在阴极对面的容器玻璃上观察到隐隐的绿色辉光。但与此同时，并没有观察到有什么物质从电极或者气体中出来。因为它来自阴极，物理学家们将其称为阴极射线。

阴极射线的本质到底是什么？对这一问题的回答分为两派：一派认为阴极射线是一种粒子流，另一派认为它不是实物粒子。但是

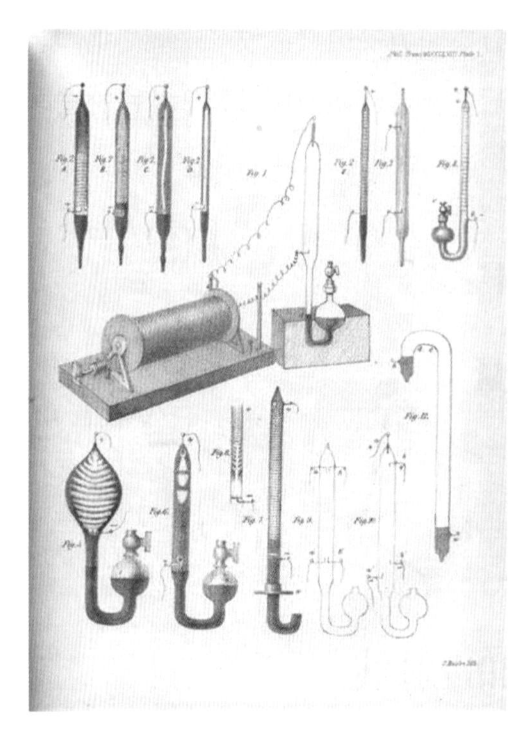

早期科学家研究阴极射线所用的实验装置

实验结果却和谁的预测都对不上。例如，实验中发现，如果在电极后面放上障碍物，辉光就会出现类似障碍物形状的阴影，这仿佛说明阴极射线应当是粒子。但是如果把障碍物换成薄薄的金属箔，则又可以看到辉光，这说明阴极射线可以穿过金属箔，又不像实物粒子。

如果阴极射线是粒子，而它又能在两个电极之间产生，那么它很可能是一种带电粒子。为了研究阴极射线带不带电，德国物理学家赫兹（Heinrich Rudolf Hertz，1857—1894）做了这样一个实验：他把整个阴极射线装置放到两个平行的金属板之间，并在平行的金属板之间加上电压。按照当时对带电粒子的认知，带电粒子在电场中应该发生运动和偏转，但赫兹并没有观察到阴极辉光的变化。因此他认为，阴极射线并不带电。但这就引出了另一个问题：既然不带电，为什么它又来自气体放电呢？

解答这些困惑的科学家是英国物理学家约瑟夫·约翰·汤姆逊(Joseph John Thomson，1856—1940)。汤姆逊是阴极射线粒子说的支持者，他相信阴极射线应当是一种未知的粒子。汤姆逊首先检查了过去的实验结果，他认为赫兹的实验之所以没有观察到射线的偏转，是因为玻璃管中的气体密度太高的缘故。如果阴极射线真的是一种粒子，那么它就会在玻璃管中撞到其他气体分子。如果此时玻璃管中的气体太多，尽管给它加上电场，但阴极射线的运动依然会受到气体分子的干扰，从而观察不到明显的偏转。

为了解决这个问题，汤姆逊不断钻研真空技术，终于在1897年取得了突破。他首先在近乎真空的玻璃管中放电，并且使用和赫兹类似的方法，用带电金属平板加上电场，这时候果然观察到了阴极射线的偏转，并且偏转方向说明，这种粒子带有负电。磁场的实验也说明了这一事实。

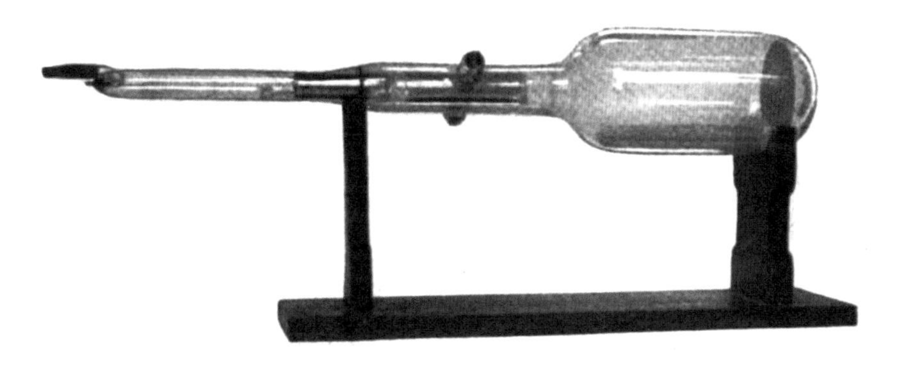

汤姆逊所用的阴极射线管

证实了阴极射线带有负电后，下一个任务是确定它到底是什么粒子。在汤姆逊之前，人们要么猜测阴极射线是原子，要么猜测它是带电的原子团。但是，如果是原子或者原子团，那么应当可以观察到相应的物质在电极上的减少或增加，而实验结果并没有观察到这一点。汤姆逊意识到不可能通过收集这种物质来研究它是什么，于是他采用了另一种思路。

当时的物理学家已经指出，不同的粒子在电场中的偏转程度不同，而这种程度与它们所带电荷与质量的比——荷质比——有关。汤姆逊于是利用电场使阴极射线偏转的性质，测定了这种粒子的荷质比，结果令人惊奇。阴极射线粒子的荷质比，比当时已知的荷质比最大的粒子——带电的氢离子——还要大得多，大约是后者的2000倍。

氢离子已经是当时人们已知质量最小的粒子了，它带有一个单位的正电荷。如果阴极射线粒子的荷质比是它的2000倍，那要么是阴极射线粒子带有2000个以上单位的负电荷，要么是阴极射线粒子的质量只是氢原子的两千分之一。前者肯定是不可能的，汤姆逊经过审慎思考，认为这种粒子应当比氢原子小得多，并将其命名为电子（electron）。

电子是人类发现的第一个比原子小的微观粒子，它说明原子内部可能还有复杂的结构。汤姆逊也因为这一贡献被授予1906年诺贝尔物理学奖。

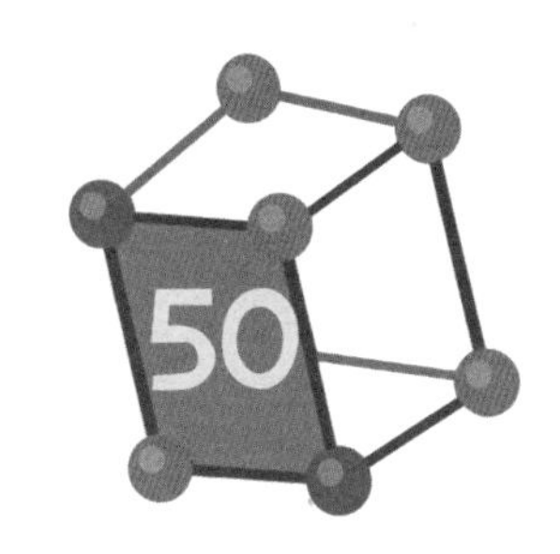

原子：我裂开了

就在汤姆逊发现电子的两年前，德国的物理学家威廉·伦琴（Wilhelm Röntgen，1845—1923）也在研究阴极射线的时候发现了一个特殊的现象：为了防止光对阴极射线装置的影响，他把整个房间全部封闭变黑，同时还用黑色纸壳把放电管包起来，结果却意外地发现，在房间另一边的荧光屏上出现了闪光。

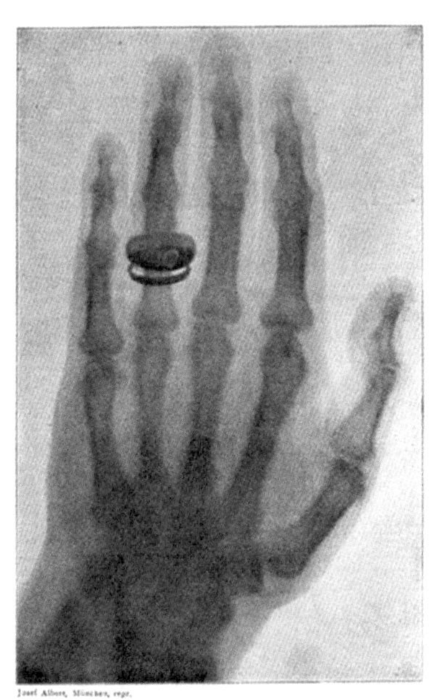

伦琴1895年12月22日拍摄的第一张X射线照片

伦琴发现，这种闪光正是来自阴极射线管，但并不是阴极射线自己，因为阴极射线很容易被障碍物阻挡，而这种射线则很容易穿透一般的障碍物。如果将人手放在这种射线前面，射线能够穿透肌肉和血液，在底片上留下骨头的影子。

为此，好奇的伦琴夫人用自己的左手手骨为人类留下了第一张手骨透视照片。伦琴将其称为X射线，以表示其独特性。后来人们知道，X射线实际上是一种高能量的电磁波。

伦琴的发现立刻引起了世界的关注。1896年初，他来到巴黎作学术报告，引起在座的法国物理学家安东尼·亨利·贝克勒尔（Antoine Henri Becquerel，1852—1908）的兴趣。贝克勒尔的祖父和父亲长期从事对一种重金属——铀（Uranium，元素符号U，得名于天王星“Uranus”）的研究，已经知道铀的化合物会使荧光物质发出荧光。伦琴的实验马上启发贝克勒尔想到，是不是铀也会发射X射线呢?

实验证明确实如此，并且贝克勒尔发现，铀元素发射X射线的强度只和铀元素的原子含量有关，与其他任何外界条件都没有关系。这说明，铀元素发射X射线的根源应当来自铀原子的本性。这一现象比伦琴的发现更加有趣：伦琴的X射线还需要通电激发气体，而贝克勒尔的铀元素则不需要任何外界条件，自发就能产生X射线。实际上，这正是原子内部结构露出的冰山一角。

一对年轻的法国夫妇皮埃尔·居里（Pierre Curie，1859—1906）和玛丽·居里（Marie Curie，1867—1934）紧接着贝克勒尔的工作开始了新的探究。居里夫妇筛查了当时已知的元素和化合物，发现铀元素并不是唯一能够自发产生X射线的元素，钍元素也可以。他们据此认为，元素发射X射线的现象不是偶然的，而应当是一种普遍存在的性质，于是将其称为元素的放射性。他们在研究一种沥青铀矿时，发现这种矿石的放射性要比一般的铀矿强得多。居里夫人

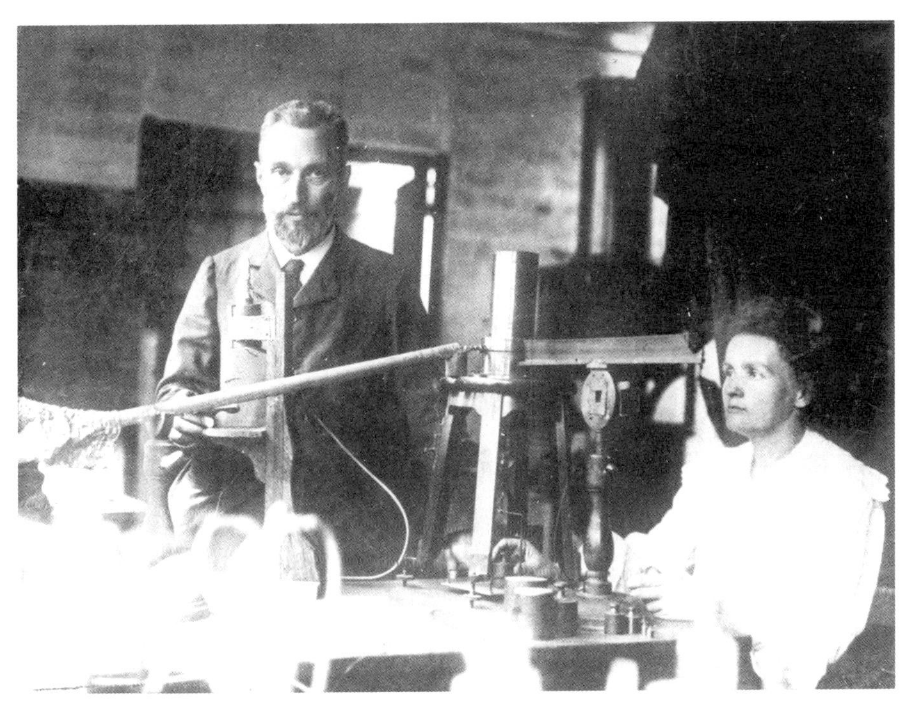

实验室中的居里夫妇

敏锐地意识到，这应当是有一些特殊的元素存在于这种矿石中，它的放射性比铀还要强。然而这些元素在铀矿中的含量是很少的（事后发现大约只有百万分之一），经过将近一年的艰辛提取，终于发现了两种具有强烈放射性的新元素：钋（Polonium，元素符号 Po，来自居里夫人的祖国 Poland“波兰”）和镭（Radium，元素符号 Ra，来自 radioactive“放射性”）。

钋和镭的放射性远远超过铀，尤其是镭。1900 年，居里夫妇发现，只要空气接触过镭元素，也会具有放射性。他们以为这是镭元素造成的“感应”放射性。但是，如果放射性是元素的本质特征，又怎么会因为“感应”而产生呢？这令人难以理解。汤姆逊的学生、英国物理学家欧内斯特·卢瑟福（Ernest Rutherford，1871—1937）认为，应当是镭放射出了一种同样具有放射性的气体，他将其称为“镭射气”，并设计了一个精巧的实验来说明这一问题：他把接触过镭的空气通过低温的U形管，结果这样的空气就失去了放射性。这说明，应当是某种放射性的气体混在“镭射气”中，当温度降低时，它就凝聚在U形管中。

这种气体是什么呢？卢瑟福使用分光分析来研究镭射气，发现它果然含有之前从未观察过的元素谱线，说明其中有一种新元素出现，后来将其命名为氡（Radon，元素符号Rn，意思是“来自镭”）。进一步地，卢瑟福还发现，随着时间推移，氡元素的谱线逐渐减弱，而又出现了几根新谱线，经过对比，这些谱线竟然属于氦元素！联想到之前沥青铀矿中发现的氦元素，卢瑟福大胆推测，这一过程中镭元素发生了衰变：

镭 ⇒ 氡 + 氦

很快，拉姆塞的原子量测定证实了这一点：镭的原子量是226，氡的原子量是222，而氦的原子量正好是二者之差，即4。这可是石破天惊的发现：从德谟克利特的时代开始，原子就一直被人们认为是组成世界的最小单元。现在原子也可以裂开，可以衰变，并且还能变成其他元素原子！

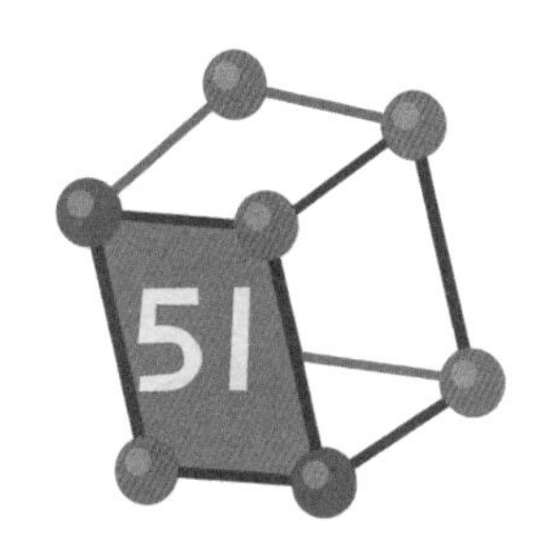

发现小宇宙

电子的发现和原子的衰变都说明，在人们认为不会变化的原子内部，还存在更精细的微观结构。为了理解这一结构，科学家们提出了不同的模型。

发现电子的汤姆逊认为，原子应当具有确定的大小，否则无法解释固体物质的难以压缩性。因此，原子应当是一个实心的球，带负电的电子镶嵌在带正电的基质中间，像西瓜子嵌在西瓜中一样，因此汤姆逊的模型又被称为“西瓜模型”。“西瓜模型”很符合人们一直以来对原子的想象：一个实心的、具有一定明确体积和大小的球体。同时它也能解释一些原子相关的现象，例如原子的电荷是中性的，便可以被解释为其中电子与基质相互中和的结果。

用什么方法来探测原子的内部结构呢？当时并没有现代如此高倍数的显微镜，无法直接观察原子，只能用间接的方法来进行探测。物理学家们设想，原子结构就像是一片漆黑的丛林，这时候我们并不知道什么地方有树、什么地方有石头。为了了解它的结构，我们可以不断往四面八方发射橡皮子弹。如果子弹穿过丛林，就说明这一片区域空无一物，如果子弹发生了偏折甚至反弹回来，就说明这里存在障碍物，这就可以逐渐了解原子的内部结构了。

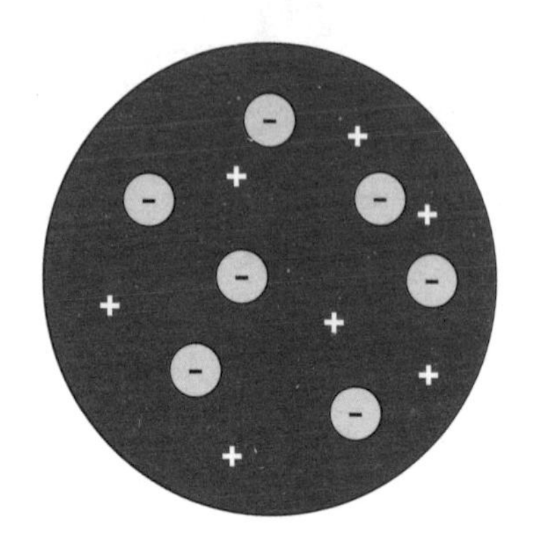

汤姆逊的西瓜模型

那么下一个问题是，用什么物质来做“橡皮子弹”呢？它最好能够均匀稳定地产生，同时它的个头又要比原子小，并且还能够被实验观测到。这时候，放射性元素发出的粒子射线就进入了科学家的视野。在这之前，卢瑟福等的研究已经说明，放射性元素可能发出三种不同的射线：α射线、β射线和γ射线。α射线实际上就是放射性元素衰变中放出的氦-4原子失去了两个电子之后的结果，因此带有两个单位的正电荷，且质量相当于氦原子。β射线是高速的电子流，而γ射线实际上是高能的电磁波。高速运动的粒子射线成为人们研究原子结构的最好工具。

1910年，卢瑟福设计了一个非常重要的粒子散射实验，后来被人们称为物理学上最美的实验之一。他用一片非常薄的金箔作为靶子，然后使用α射线轰击这片金箔，并在金箔四周的各个方向上探测α粒子被反弹和散射的情况，这就是著名的α粒子散射实验。实验结果非常有趣：绝大多数 α 粒子穿过金箔后，方向几乎不发生改变，打到了金箔后方的屏幕上，但是有少数 α 粒子（大约在 1/8000）的运动路径发生了较大程度的偏转，甚至有极少数的 α 粒子完全被金箔撞了回来，像是打到了墙上一样。

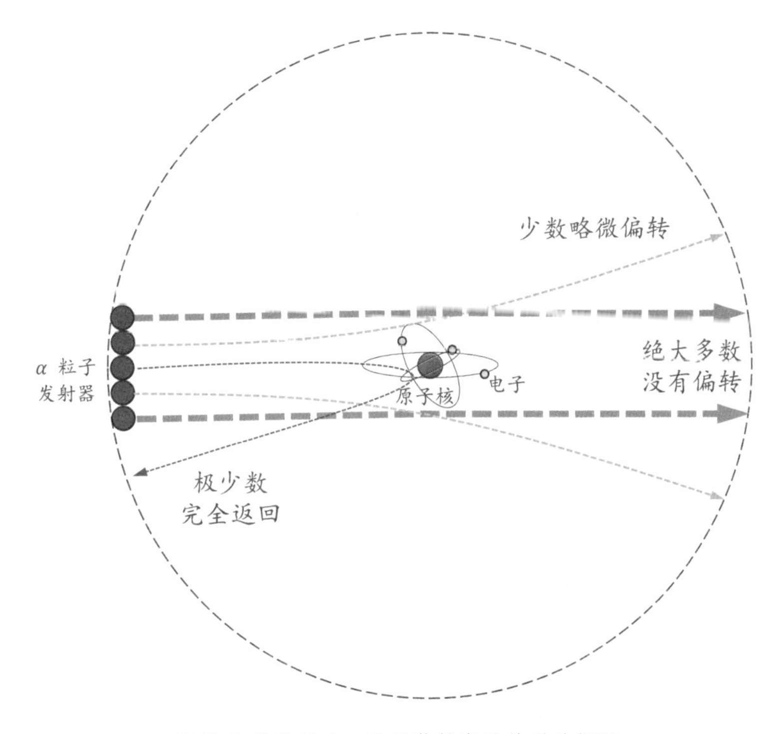

原子核式模型对 α 粒子散射实验结果的解释

这一结果让卢瑟福感到难以置信。因为如果按照汤姆逊的西瓜模型，原子中的正电荷和质量是均匀分布的。当高速的带正电的 α 粒子穿过金原子时，由于 α 粒子比金原子要小得多，受到的来自四面八方的正电荷的斥力应当是相互抵消的。这就像是子弹穿过西瓜那样，可能发生一些轻微的偏折，但绝不可能被西瓜反射回来。

如果这个时候发生了完全反射回来的情况，那只能说明在原子中存在一个非常致密而坚硬的核，它集中了原子的正电荷和绝大多数质量。这样，整个原子就不是一个西瓜，而像是太阳系，中心有一个体积很小、质量很大、带正电的原子核，四周是空旷的空间，电子在其中运动。这时候用 α粒子去轰击，绝大多数 α粒子穿过空旷的空间不发生任何偏折，少数 α粒子碰到原子核附近受到斥力作用而发生偏折，极少数 α粒子直接打到原子核上，结果被反弹了回来。这就是著名的原子核式模型。卢瑟福通过定量实验证实了原子核式模型的正确性，并且估计出原子核的直径大概只有原子直径的1/10000。

原子的核式模型揭开了原子结构的奥秘。它告诉人们，原来在原子内部，还有一个像太阳系这样的“小宇宙”。

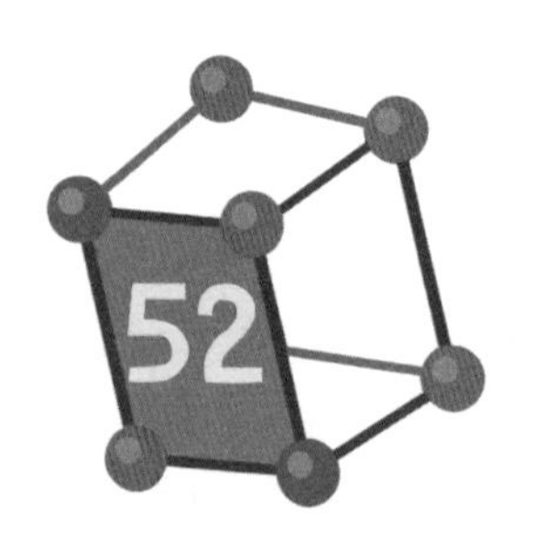

当代炼金术

原子的核式结构被发现后，人们立即开始思考放射性的产生和来源。当时已知的放射性元素只有铀、钍、镭、钋、氡五种，它们的特点是相同的，即放射出 α粒子、电子或者是电磁波，然后蜕变为其他元素。人们早已经知道原子中含有电子，那么 α粒子是从哪里来的呢？一个合理的猜测是它来自原子核。

卢瑟福（右）1912 年在实验室中

然而，要想研究原子核就困难得多。卢瑟福的实验证明，原子核的直径大约只有原子直径的几万分之一，比原子小得多的多。要想研究它的内部结构，就必须把原子核给打开。人们之前已经研究过电子的特征，在汤姆逊的实验中发现，电子的质量比最轻的原子——氢原子还要轻，精确的数据是氢原子的质量是电子质量的 1836 倍。用这么小的“炮弹”去撞击原子核，显然不够分量。卢瑟福决定使用 α粒子作为“炮弹”，并且轰击较轻的元素。由于 α粒子实际上是氦原子核，它的质量大约是氢原子的 4 倍，这样对于一些较轻的元素，就可能达到把原子核轰开的效果。1919 年，卢瑟福的实验终于成功，他在用α粒子轰击氮元素的过程中观察到了如下过程：

氮-14 + 氦-4 ⇒ 氧-17 + 氢-1

α粒子把氮-14的原子核轰开，从中释放了一个质子，这个质子就是氢元素。而此时打进原子核中的α粒子与剩下的原子核融合，得到了氧-17原子。也就是说，通过α粒子的轰击，把氮原子核转变成了氧原子核。这是人类历史上第一个人工核反应的实验，它实现了人类操纵下的一种元素转换成另一种元素。同时，这个实验也证明了原子核中含有质子。

在上述实验的基础上，卢瑟福进一步提出，原子核中其实有两种粒子。一种是带正电的质子，另一种是不带电的中子。质子的数量和原子核外电子的数量是相同的，因此原子不带电。质子和电子的数量决定了这种元素的化学性质。中子的质量和质子相近，并不带电，中子的数量不同就造成了同位素原子的不同。中子的数量和质子的数量加起来就构成了整个原子的质量数。在核反应过程中，整个体系的质量数保持不变，质子数和中子数也保持不变。例如氮原子原本有7个质子和7个中子，加上α粒子的2个质子和2个中子，质量数一共是18。得到的氢原子质量数是1，只含有1个质子，因此氧原子的质量数就应当是17，含有剩下的8个质子和9个中子。

在上述核反应中生成的氧-17就是一种天然状态下并不存在的氧的同位素。氧元素的原子核中应当含有8个质子，天然状态下，它存在的同位素是氧-16和氧-18，氧-16中含有8个中子，氧-18

中含有 10 个中子。而卢瑟福合成的氧 -17 则是一种具有放射性的同位素，含有 9 个中子。在天然状态下，氧 -17 因为早早衰变而消失在氧元素的原子中。1933 年，居里夫人的女婿约里奥—居里和女儿伊伦·居里使用 α粒子轰击铍元素，结果得到了碳 -12 和 1 个中子，这就验证了卢瑟福的理论。

铍-9 ＋ 氦-4 ⇒ 碳-12 ＋ 中子-1

人工核反应让人们意识到，门捷列夫所指的原子量使原子性质发生变化的规律，实际上是原子核中的质子数变化导致的原子性质的变化。因此，卢瑟福的学生莫斯莱（Henry Mosely，1887—1915）把质子数（即原子核的电荷数）称为元素的原子序数，它们对应于门捷列夫元素周期表中元素的位次编号。了解到这一点，也可以解释为什么门捷列夫列出的元素周期表中有一些元素的原子量并没有严格递增。这是由于它们的质子数虽然严格递增，但是中子数却略有差异，因此造成了原子量的错位。

1937 年卢瑟福《新炼金术》一书封面

卢瑟福把人工核反应

形象地称为“新炼金术”，因为它实现了元素原子之间的相互转变。1941 年，物理学家们使用中子轰击汞 -196，真的得到了金 -197。更加令人激动的是，人工核反应开启了这样的可能：我们可以用射线轰击的方法把已知的元素转变成未知的元素，这样就为发现新元素提供了全新的道路。事实上，人工核反应已经不是发现新元素，而是创造新元素。炼金术士没有实现的梦想在卢瑟福手中变成了现实，并且比他们的想象还要狂野：我们不仅可以把不是金子的元素变成金子，我们还可以创造出地球上从来没有出现过的元素。

补全元素周期表

人工核反应一经发现，便被人们用来填补元素周期表的空白。我们知道，门捷列夫为了排布元素化学性质的方便，在元素周期表中留下了一些空格，需要人们去发现。到 1925 年，元素周期表已经增长到第 92 位铀元素，但在前 92 位中还有 4 个空格，分别是第 43 号、第 61 号、第 85 号和第 87 号元素。

门捷列夫很早就预测了第43号元素的存在，将它称之为“类锰”。然而人们花费半个多世纪的时间，在与锰相关的化合物和矿石中寻找“类锰”的踪迹，却都一无所获。这期间不断有化学家报道自己发现了第43号元素，但最后都被证明并非如此。人工核反应的方法发明后，他们自然想到是不是可以用人工的方法在实验室制造出第43号元素来呢？1929年，美国物理学家劳伦斯（Ernest Orlando Lawrence，1901—1958）发明了回旋粒子加速器，可以把带电粒子加速到极高的速度，这大大提高了人工核反应的效率和能量。1937年，当科学家们用中子和氘核去轰击第42号钼元素的时候，终于在反应后的结果中得到了第43号元素的同位素。由于这是人类历史上第一个人工发现的元素，科学家将其命名为锝（technetium，元素符号Tc，意思是technology“技术”）。

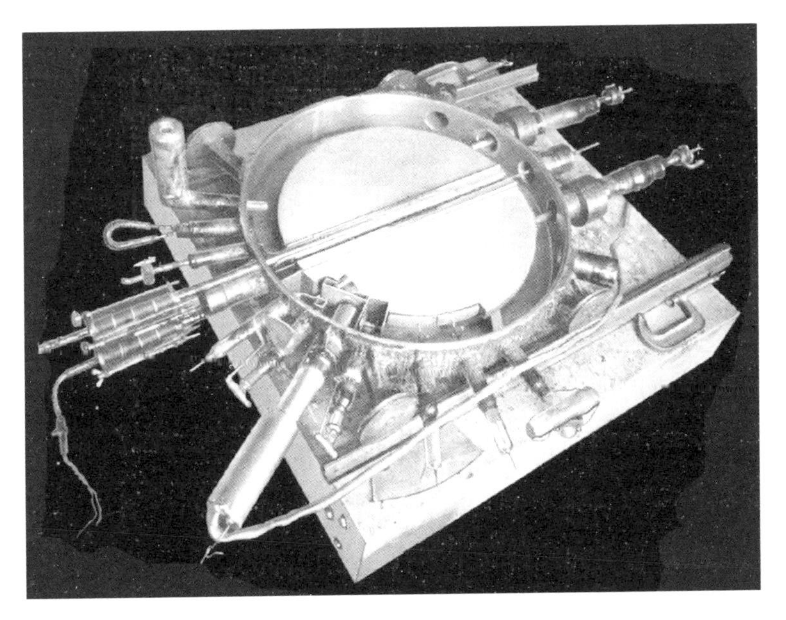

劳伦斯制造的回旋粒子加速器内部结构

锝元素的发现也解释了为什么之前人们寻找它却一无所获，因为科学家们发现的锝元素的同位素全都是不稳定的放射性同位素，其中寿命最长的半衰期也只有260万年。在漫长的地质年代中，天然存在的锝元素早就已经衰变干净，因此科学家们一无所获。在接下来的几年中，人们使用人工核反应的方法，陆续发现了第87号元素钫（1939年发现，Francium，元素符号Fr，为纪念France法国）、第85号元素砹（1940年发现，Astatine，元素符号As，来自希腊文astatos“不稳定”）和第61号元素钷（1947年发现，Promethium，元素符号Pm，来自希腊神Prometheus普罗米修斯）。实验说明，它们都是在天然状态下不稳定的放射性元素，因此之前人们的寻找纷纷落空。而这一现象也给了人们新的提示，后来人们在放射性铀矿的成分中找到了铀衰变后的产物锝。

既然元素周期表的空格可以被填满，那么能不能继续增长呢？这自然也是一个引人入胜的问题。人们把第92号元素铀元素之后的各种元素称为“超铀元素”，它们都是质量数巨大、在天然状态下具有强烈放射性的元素，以至于地球上难以找到它们存在的踪迹，只能通过人工方法去合成。

1934年，意大利物理学家恩里克·费米（Enrico Fermi，1901—1954）开始使用中子去轰击各种元素。他发现这样一个现象：中子打到原子核上，一般都被原子核吸收，同时放出1个电子，由于电子带负电，中子不带电，所以相当于原子核吸收了1个质子，变成了原子序数增加一位的新元素。费米于是作出这样的猜测，如果用中子去轰击铀，那自然就会得到比铀多1个质子的元素，也就是第

授课中的费米

一个超铀元素。可当他用中子去轰击铀的时候却发现，得到了好几种具有放射性的物质。

一开始，费米认为这些便是超铀元素。但后来物理学家们经过仔细研究发现，它们并不是新的元素，而是铀的原子核被中子打碎，裂变成已知元素（如镧、钡、氪）的放射性同位素，并且放射出巨大的能量。这便是震惊世界的核裂变现象。如果这时，裂变反应伴随新的中子产生，那么新的中了又会接着打碎旁边的铀核，从而放出更多的中子，构成一个不断增长的链式反应。核裂变的链式反应会释放出巨大的能量，物理学家们很快意识到利用它可以制作威力空前的炸弹——原子弹。

不过费米的猜想也并非完全落空。1939 年，美国科学家麦克米伦（Edwin Mattison McMillan，1907—1991）在使用中子轰击氧化铀的时候，意外地发现了一种新的放射性物质。当他们对产生的物质进行仔细鉴定时，发现这正是铀吸收中子后没有裂变而产生的新的重核。他们将这种元素命名为镎（Neptunium，元素符号 Np，意思是 Neptune“海王星”，因为铀的英文名来自天王星），它便是第 93 号元素。很快，1940 年，美国科学家西博格（Glenn Theodore Seaborg，1912—1999）等又从镎 -238 的 β 衰变产物中找到了第 94 号元素钚（Plutonium，元素符号 Pu，意思是 Pluto“冥王星”）。沿着麦克米伦和西博格开辟的道路，各种“超铀元素”被不断合成出来，到今天，科学家们已经把元素周期表拓展到了第 118 位。

九

地球之外

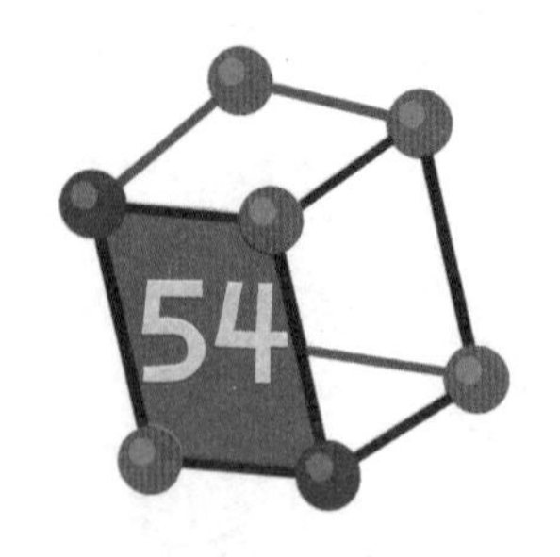

地球是个圈

截至目前，人类所确认发现的化学元素一共有 118 种，其中 88 种是天然存在的，剩下 30 种是通过人工手段发现的。在本书前面的篇章中，我们首先从自然史的角度回顾了元素产生和演化的过程，接着从化学史的角度演绎了人类发现、利用和创造元素的历史。如果这时，我们放眼未来，人类和元素的故事还将如何续写？

《老子》说："人法地，地法天，天法道，道法自然。"人类的生存繁衍和文明的发展，都离不开必要的环境——地球。正是地球孕育了我们，也是地球上丰富多彩的元素构成了我们的身体，组成了我们的环境，孕育了我们的文明。迄今为止几乎所有人类文明的活动，都在地球之内进行。我们所发现、利用和创造的元素，也都是基于地球的现状开发出来的。从某种意义上说，我们仍然是处在地球这个摇篮中的婴儿。既然如此，人类与元素的故事，很大程度上仍将是人类与地球元素之间的故事。

我们在之前的章节中已经讨论过，地球上的各种元素全部来自恒星演化的馈赠。而它们形成今天的地球，又经过了丰富的演变过程。从地球形成球体后到今天的大约46亿年中，地球上的元素种类以及比例没有发生大的变化，而造成小的变化主要有三个来源：一是地球内部的放射性元素逐渐衰变和转化，二是各种宇宙射线对地球物质的轰击造成的核反应，三是小行星、彗星和其他星际尘埃落到地球上带来的新元素。

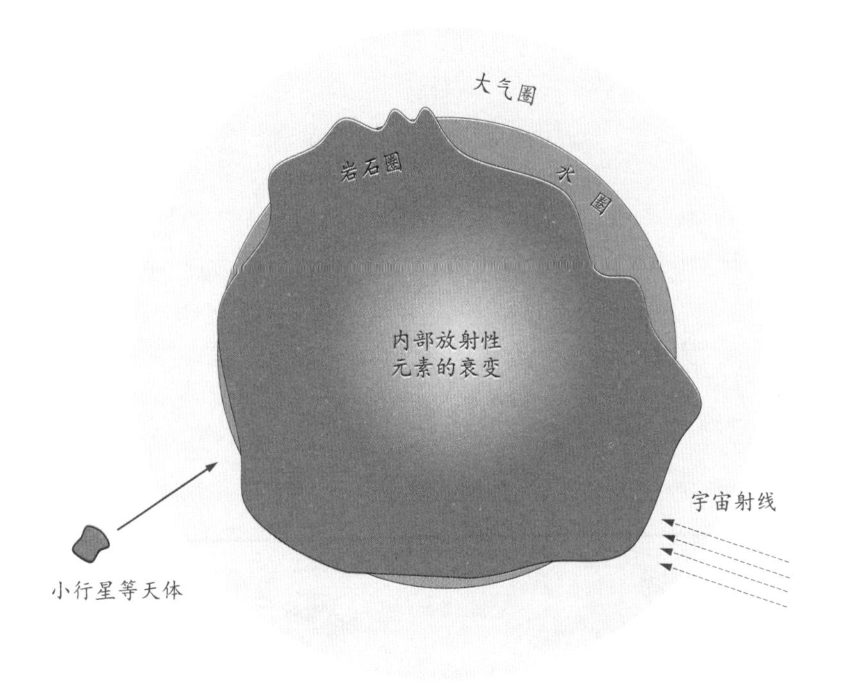

地球元素的可能变化

因此，地球上主要发生的是元素的形态以及它们的分布不断变化的过程。在原始地球阶段，这种变化是以地球内部的地质运动为主要动力的。地幔扮演了地核和地壳之间连接的桥梁，物质通过地幔，往上涌出到地面以上，往下沉积到地核之中。随着地球温度渐渐降低，大气圈和水圈逐渐形成，元素在其中也开始了新的循环。

这时候，元素的循环主要体现在水圈、大气圈和岩石圈之间不同元素形态的转化。我们所习以为常的氧元素、氮元素、碳元素、氢元素等，在自然界中都存在着循环过程。

而当生命诞生后，这种循环又增添了生物参与的因素，我们之前讨论过地球上冰川期的形成、氧气的诞生、二氧化碳的含量增减等因素，这都与数十亿年的生命活动在地球上造成的变化有关。在

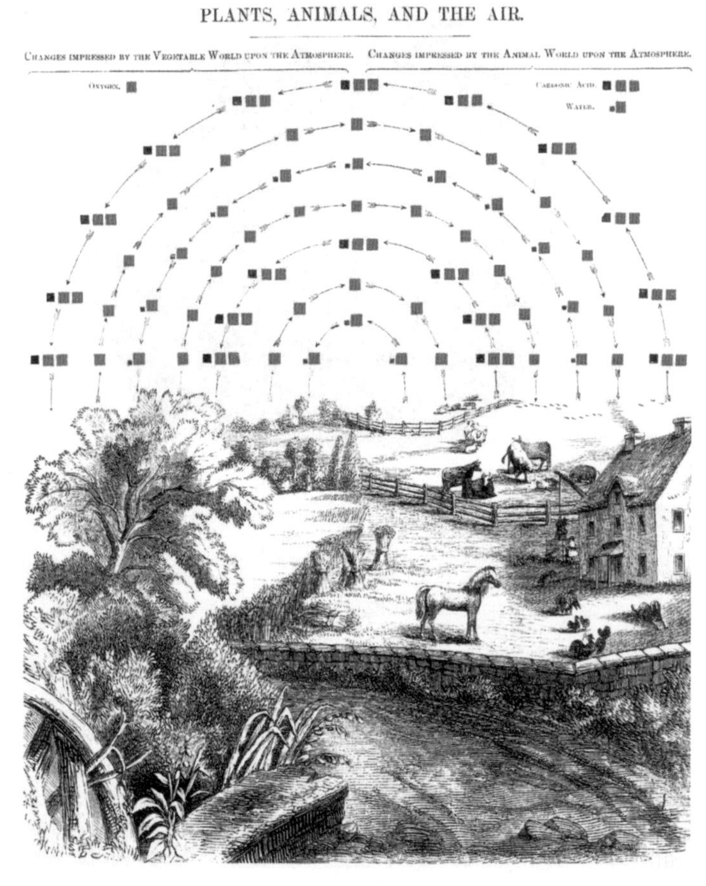

十九世纪化学家绘制的自然界物质循环图
其中黑点是碳原子，红点是氧原子，小方点是氢原子

人类诞生之前，地质活动和生命活动塑造出了地球表面丰富多样的形貌，也为人类进入这个世界提供了充足的条件。蒙昧时期的人类能够利用的就是这些自然馈赠给我们的元素，例如雷火燃烧之后的木炭和天然露出的黄金。随着人类文明的诞生与发展，我们学会了对元素的分类、收集、冶炼和使用，人类的参与让地球正在变成一个不一样的地球。

不过归根结底，地球仍然是一个圈，我们对地球造成的绝大多数变化，最终都将以各种形式重新影响人类自己的生活。回到我们在本书前面提到过的命题上，地球是人类的家园，也是唯一的家园。我们珍视它，就应像我们珍视自己的生命一样。

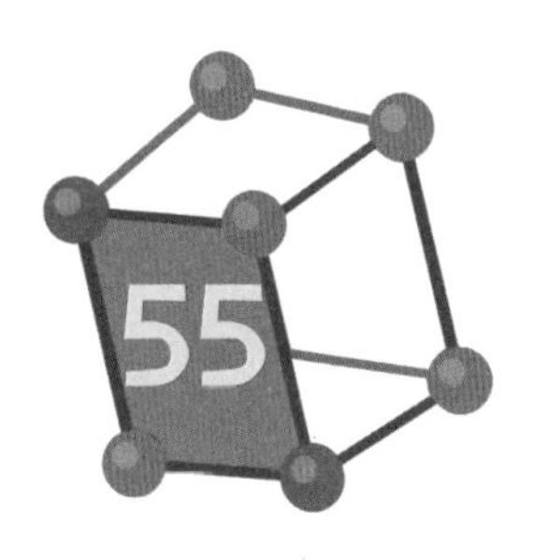

人类的痕迹

就在刚刚过去的数百年中，人类进入了工业革命的新时代，生产力突飞猛进，人类文明也获得了长足的发展。然而这些都建立在我们对地球物质世界的使用和改造基础之上，也因此，人类活动对于地球上的元素分布造成了巨大的影响。

我们曾经提到的碳-14定年法在对古文明和古生物鉴定过程中发挥过重要的作用。然而对于1945年以来的生物样本，碳-14定年法则面临着新的挑战。1945年7月16日，美国爆炸了世界上第一颗原子弹，从那时起直到20世纪60年代中期，世界各国竞相进行了几百次大气层核试验。我们知道，原子弹的原理是放射性元素铀的裂变，在原子弹爆炸的过程中，铀核迅速裂变分解，产生了大量的放射性元素，其中就包括碳-14。科学研究表明，这一时间段内，大气层中碳-14的含量增加了将近一倍。

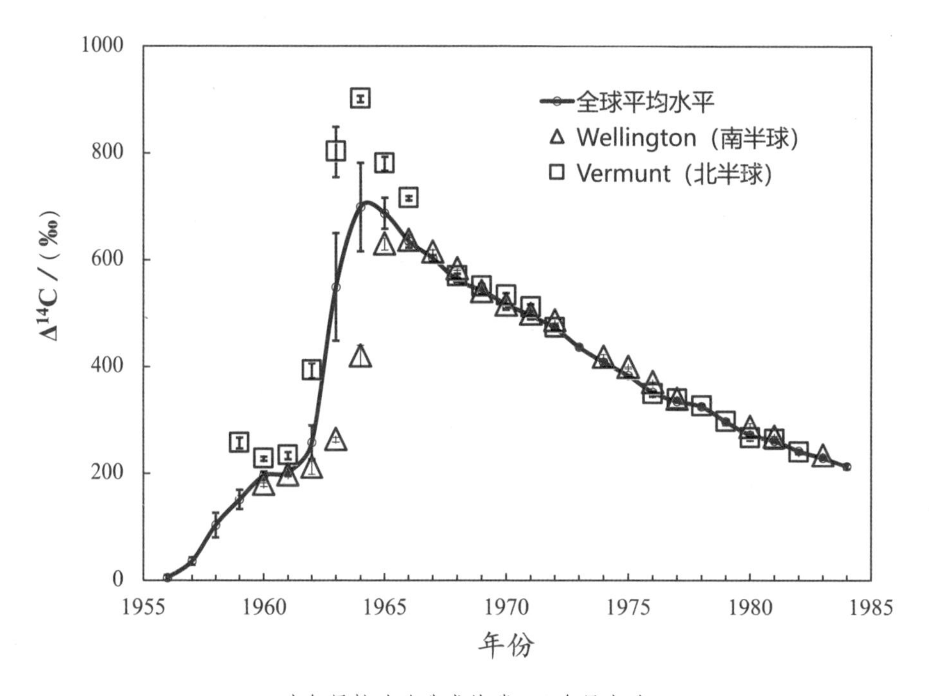

大气层核试验造成的碳-14含量上升

不过，这虽然对于传统碳 -14 的定年法来说是一个污染，但是它带来的附加效应又使人们获得了测量 1965 年以来生物样本年龄的方法。1965 年后，大气层中的核试验基本停止，由此产生的碳 -14 被地球上的生物体和碳循环代谢逐渐消解。这就造成了碳 -14 含量的一个显著下降，利用这个下降，也可以用来标定不同年份的生物样品。

不仅像原子弹爆炸这样的大事件，即使一些看似并不起眼的活动，最终也带来了深远的后果。汽车发明后，长期困扰人们的一个问题是汽油在燃烧过程中容易发生爆炸，影响行车安全。美国通用公司的一位工程师开发出一种铅的化合物——四乙基铅，将其添加到汽油中便可避免爆炸。随着汽车和汽油在世界各地的广泛使用，四乙基铅也随之散播到全世界各地。

话分两头。1948 年，美国地球化学家克莱尔 · 帕特森（Clair Cameron Patterson，1922—1995）开始在其导师指导下从事地球年龄的测量。他们使用的原理和我们之前讨论过的同位素测量的方法是一致的，只不过使用的元素是锆石中的铀元素和铅元素。铀的最终衰变结果是铅，通过测定岩石中铀和铅的比例，就可以分析得到地球的年龄。为此，帕特森需要远赴世界各地，采集各种含有铀元素和铅元素的岩石样本。

然而经过 5 年的努力，他却惊奇地发现，地球各地岩石中的铅含量异常高，以至于他必须通过其他方法去除附着在矿石上的铅污染，之后才能进行地球年龄的测定。为了验证这一发现，帕特森继续采集了深海海水和极地冰芯的数据，结果发现在那些数百万年甚

帕特森所研究的矿物

至是数千万年前形成的样本中，铅的含量明显没有这么高。这些结果都说明，人类活动已经干扰到地球中铅元素的循环。

更加严重的问题是，如果仅仅是一种普通的元素，这些分布的改变可能影响还不是很大，但是铅元素与它们不同。铅是一种重金属，在自然界中的富集会导致人过多摄入铅元素，并进而造成人的疾病，这就是铅污染。就连发现四乙基铅的工程师米基利，最终也因铅中毒而身亡。帕特森为此展开了长达 20 年的宣传，在这期间受到石油财阀的强烈阻挠，但最终，他说服了美国政府立法禁止四乙基铅的使用。到 1986 年，铅被彻底禁止在所有消费品中使用。

20 世纪与元素相关的污染事件并不止铅污染一起。20 世纪 50 年代由于汞中毒而造成的日本水俣病事件、80 年代由于切尔诺贝利核电站事故而造成的放射性元素污染事件，都是人类不正常利用元素而造成的环境问题。这些对地球生态系统的破坏，最终都会作用到人类的生存上来，而更大的影响可能还在未来。

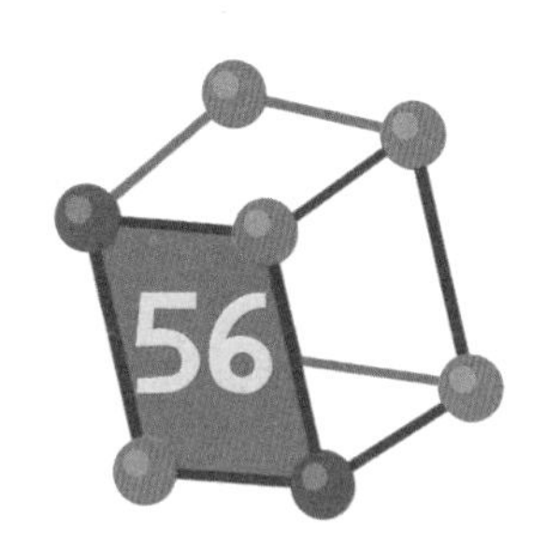

变热还是变冷

在所有元素的循环中，碳元素的循环是生命出现后地球上最重要的元素循环。而在碳元素的循环中，又以二氧化碳的循环为其中的核心。植物通过光合作用固定二氧化碳，生成的有机物供动物和其他消费者利用，以氧化呼吸的形式重新把它转变为二氧化碳，排放到空气中。这是自然界经典的碳循环过程。一旦这个过程被打破，无论二氧化碳含量是上升还是下降，都会造成全球性的气候变化。我们之前提到的雪球地球，就是其中一个案例。

自从工业革命开始以来，人们就观测到大气中二氧化碳浓度显著上升。这是由于工业革命利用了大量的地下化石燃料。无论是我们日常生活中常见的煤、石油、天然气，还是其他用在化工生产中的化石原料，它们或者是以燃料的形式被燃烧，从而碳元素变成了二氧化碳释放到了大气层中；或者是以化工原料的形式变成了有机物，而这些有机物很多也以燃烧和代谢的方式进入大气层。追根溯源，这些碳元素都是远古时代植物通过光合作用固定下来的。我们今天实际上是把地球演化数十亿年中积累的碳元素在短短的几百年中燃烧殆尽。

二氧化碳是一种温室气体，我们之前已经分析过。大气中二氧化碳含量的上升和最近 200 年内地球平均气温的上升呈现明显相关性。就在刚刚过去的50年内，地球的平均气温上升了将近1摄氏度，这是非常惊人的。要知道在整个漫长的地质年代中，地球温度的波动，也不过是几十摄氏度，并且这种增加是以万年，甚至是百万年为量级的。科学家们推测，如果我们不采取任何手段的话，这个增长趋势在未来还会加剧。

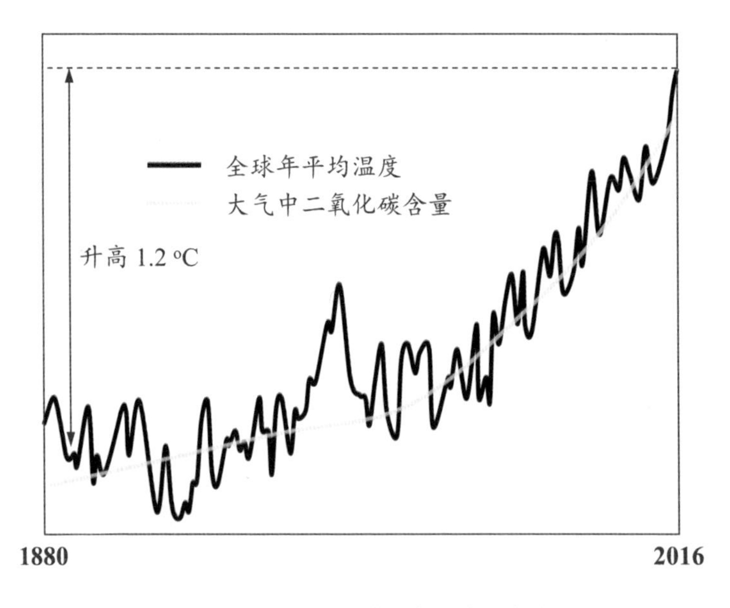

全球气温的变化与大气中二氧化碳浓度的关系

全球气温的上升将造成一系列严重的生态问题。首先，由于温度上升会导致两极和地球上高山地区的冰川融化，降水增多，给内陆国家带来洪涝灾害。而这些水最终都将涌入大海，使海平面上升，让沿海国家的陆地被淹没。其次，温度升高会使地球表面生长的许多植物以及其间生存的很多动物遇到生态危机，甚至发生大规模灭绝，而这又会导致相应生态系统的崩溃，最终带来全球性的生物危机。生态系统的问题同样也会波及人类的农业生产，可能影响粮食种类和产量。此外，全球变暖还会加大人类生产生活中的能量消耗。

不过，也有一些科学家和其他人士并不这么认为。他们指出当前观察到的全球变暖与二氧化碳浓度的上升之间可能没有那么明确的关系。一种猜测是目前的全球变暖，只不过是地球在间冰期气温变化的一个自然现象。另一种解释则认为，实际上从人类进行农业活动以来，就已经大大影响了地球变暖过程，并不是工业革命活动加剧了这一进程。围绕这些议题，科学家们还在收集新的证据，来说明人类活动与全球变暖之间的关联。但不能不正视的是，人类活动确实有可能对自然环境造成较大幅度的影响，并且全球变暖已经开始影响到人类的生活。将来它会不会影响到人类的生存，目前尚不可知。

地球是无私的，它不会偏爱人类。宇宙同样如此。在几乎是无穷无尽的时间与空间背景中，人类的诞生只不过是其中一点小小的波澜，也很有可能在未来陷入毁灭。这不禁让我们沉思，宇宙中的生命到底意味着什么？

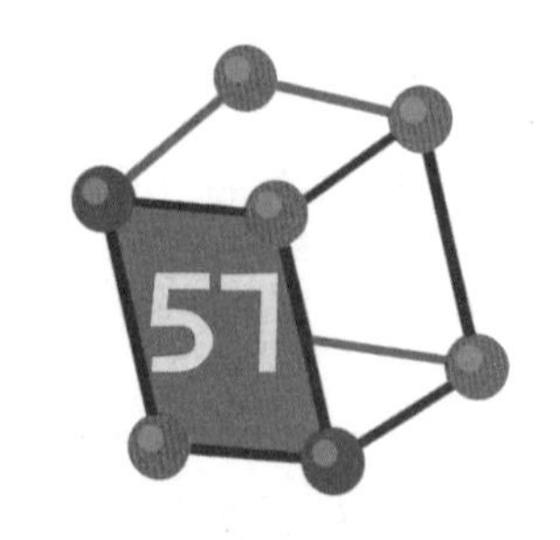

会有硅基生物吗

回顾历史，人类发现元素和利用元素的过程并不是一个由人类的意志决定的进程，而是受众多客观规律与自然条件的限制。假如我们不是生活在地球上，假如我们不是生活在太阳系，假如我们不是身处这样一个宇宙空间，我们面临的元素分布和元素组成可能会大不相同，我们手上方便利用的元素以及我们能够开发出来的功能，也会因此产生很大差异。

如果再从更高的层次上思考，不仅是人类发现元素的过程受到限制，而且是人类自己就受到元素条件的制约。在地球上，充满着丰富的水，又有大量的二氧化碳，由此才诞生了以碳元素为基础的生命体系。利用地球上其他的一些重要元素，例如铁和硫，这样的生命体系得以发展壮大，从早期的单细胞生命进化到像人类这样的智慧生物，这一切都有赖于整个地球环境的孕育。可以说，正是地球这样的环境，造就了这个环境中的各种元素，也造就了识别这个环境中各种元素的人类本身。

这不禁让我们想到著名的人择原理：宇宙的规律为什么是这样

的？并不是因为宇宙本身有更深层次的规律，而是因为不是这样就不会产生智慧生命来问这样的问题。

真的如此吗？

我们常常在各种科幻电影中看到神奇的外星生物，它们长得奇形怪状，甚至与地球生物所用的元素种类与形式都大不相同。有很多科学家曾经想象，在外星球上如果没有水，没有碳元素，温度、引力条件与地球可能也有较大差异，那么那里会产生生命吗？一种最常见的猜测，就是以硅为基础的生命。硅元素与碳元素非常相似，也能够形成各种各样的长链化合物。此外，它的含量在一般的岩石行星上也是相对丰富的。并且现代计算机技术的发展和各种芯片也说明硅元素完全具有产生复杂信息处理结构的能力。会不会有硅基生命，依然是一个要被探索的话题。

当然，如果有硅基生命，就有可能有其他元素为基础构成的生命，甚至在宇宙的其他角落，还会有我们今天想象不到的化学元素在那里发挥作用。由于那里的时空条件和地球有着较大的区别，因此那里元素演变的规律可能也完全不同，甚至生命的形式也都会完全不同。在宇宙发展变化的历史中，元素本身也会在不断变化，从宇宙诞生开始，就在不断产生新的元素，科学家们也在思考未来宇宙会不会还有新的元素，甚至就在我们当前这个宇宙的不同角落，就已经有一些人类尚未发现的超重元素。在这样的情况下，它们可能演变出的生命形式就更不是我们现在所能预料的了。

但如果是这样，它们还会是生命吗？

人类对未知的探索无边无际，但宇宙就是这一切的边界。在碳基生物的躯壳中，我们想象着宇宙其他角落的绚丽故事。而对于宇宙自身而言，又何尝不是如此？表面上看，是我们在思考这个宇宙。本质上说，是宇宙用各种元素塑造了我们，然后来思考它自己。

附录

化学元素周期表

	Ⅰ	Ⅱ	Ⅲ	Ⅳ	Ⅴ	Ⅵ	Ⅶ	Ⅷ			0
第一周期	氢 1 H										氦 2 He
第二周期	锂 3 Li	铍 4 Be	硼 5 B	碳 6 C	氮 7 N	氧 8 O	氟 9 F				氖 10 Ne
第三周期	钠 11 Na	镁 12 Mg	铝 13 Al	硅 14 Si	磷 15 P	硫 16 S	氯 17 Cl				氩 18 Ar
第四周期	钾 19 K	钙 20 Ca	钪 21 Sc	钛 22 Ti	钒 23 V	铬 24 Cr	锰 25 Mn	铁 26 Fe	钴 27 Co	镍 28 Ni	
	铜 29 Cu	锌 30 Zn	镓 31 Ga	锗 32 Ge	砷 33 As	硒 34 Se	溴 35 Br				氪 36 Kr
第五周期	铷 37 Rb	锶 38 Sr	钇 39 Y	锆 40 Zr	铌 41 Nb	钼 42 Mo	锝 43 Tc	钌 44 Ru	铑 45 Rb	钯 46 Pb	
	银 27 Ag	镉 48 Cd	铟 49 In	锡 50 Sn	锑 51 Sb	碲 52 Te	碘 53 I				氙 54 Xe

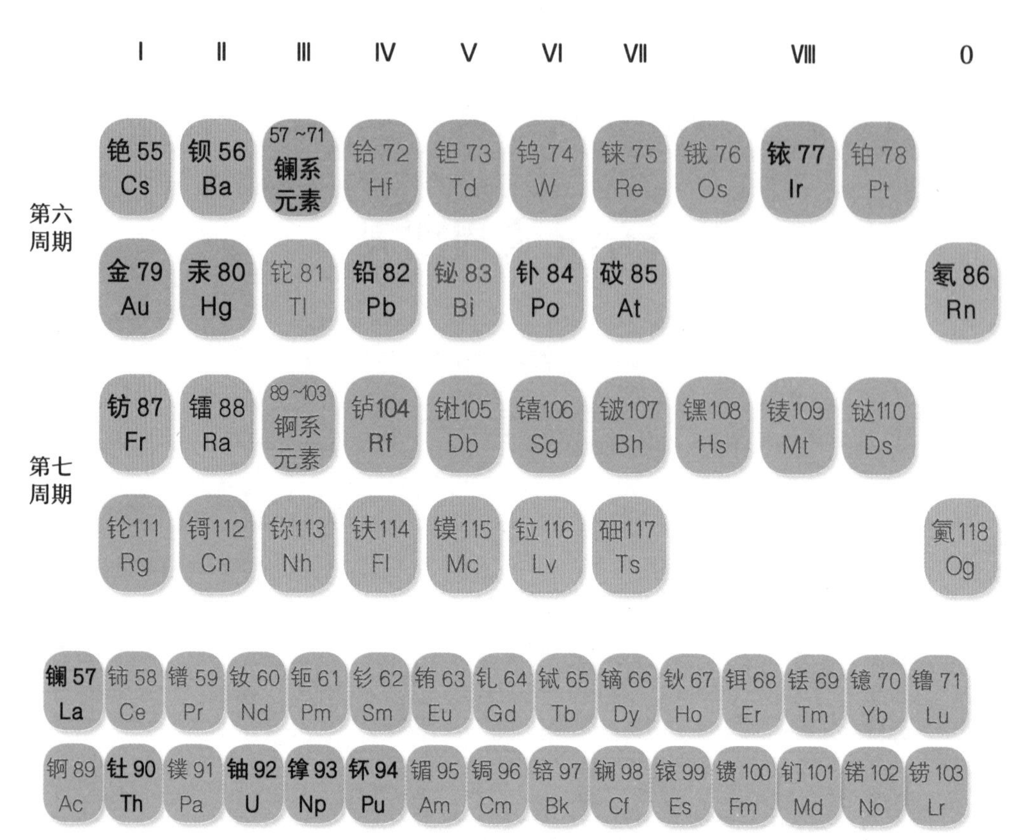

* 每小格中的汉字是元素符号，数字是原子序数，英文字母是元素符号。

** 黑体是本书中提到的元素，蓝色底色为主族元素，绿色底色为副族元素。